日本エネルギー学会　編

シリーズ　21世紀のエネルギー　6

ごみゼロ社会は実現できるか
（改訂版）

行本　正雄

西　　哲生　共著

立田　真文

コロナ社

刊行のことば

　科学技術文明の爆発的な展開が生み出した資源問題，人口問題，地球環境問題は 21 世紀にもさらに深刻化の一途をたどっており，人類が解決しなければならない大きな課題となっています。なかでも，私たちの生活に深くかかわっている「エネルギー問題」は，上記三つのすべてを包括したきわめて大きな広がりと深さを持っているばかりでなく，景気変動や中東問題など，目まぐるしい変化の中にあり，電力規制緩和や炭素税問題，リサイクル論など毎日の新聞やテレビを賑わしています。

　一方で，エネルギー科学技術は，導電性高分子や，急速な発展が続いている電池技術など，基礎科学や，材料技術などにも深く関係した，面白い話題にあふれています。

　2002 年に創立 80 周年を迎える日本エネルギー学会では，エネルギー問題をより広い俯瞰的視野のもとに検討していく「エネルギー学」の構築を 21 世紀初頭の課題として掲げています。

　新しいパラダイムであるエネルギー学の構築のためには，自然科学系だけでなく人文・社会系の研究者や，各分野の実務専門家との共同作業が必要です。そしていま，そのための議論を，次世代を担う学生諸君をはじめ，広く市民に発信していこうと考えております。

　第一線の専門家に執筆をおねがいした本「シリーズ 21 世紀のエネルギー」の刊行は，「大きなエネルギー問題をやさしい言葉で！」「エネルギー先端研究の話題を面白く！」を目標に，知的好奇心に訴える楽しい読み物として，市民，学生諸君，あるいは分野の異なる専門家各位にお届けする試みです。持続可能な科学技術文明の展開を思索するための書として，勉強会，講義・演習などのテキストや参考書として，本シリーズをご活用ください。また，本シリー

ズの続刊のために皆様のご意見を日本エネルギー学会にお寄せいただければ幸いです。

　最後になりますが，この場をお借りして，長い準備期間の間，企画，読み合わせ等編集作業にご尽力いただいた編集委員各位，学会事務局，著者の皆様，またコロナ社に，心から御礼申し上げます。

　　2001 年 2 月

　　　　　　　　　　　　「シリーズ　21 世紀のエネルギー」
　　　　　　　　　　　　　　前編集委員長　堀尾　正靱

は じ め に

　ごみ焼却場，埋立処分場などは，社会のために必要な施設であることはだれもが知っているところであるが，その施設が自分の家の近くに建設されるとなると反対する人が多く，迷惑施設と呼ばれたり，英語の頭文字をとってNIMBY（not in my back yard）などと呼ばれたりしている。

　しかし，現状において，ごみは私たちの生活や産業活動の中から発生し，なかなか減らすことができないでいる。そのため，発生の抑制（リデュース）や再利用（リユース），再生利用（リサイクル）を促進するための制度・法律や社会システムの整備，環境技術の開発などが行われるようになってきた。

　一方，石油があと40年で底をつくという統計も出ているが，中国をはじめとするアジア諸国の成長もあり，資源の枯渇も大きな問題となりつつある。資源の有効利用が求められている。

　エネルギーという点からいっても，わが国は1次エネルギーの90％以上を輸入に頼っているにもかかわらず，エネルギーフローにおいても66％が損失されていることを考えると，ガス化，油化などの化学変換を含めてエネルギー回収を促進していくことも重要である。

　本書では，前半で，ごみの発生量や処理の現状，不法投棄や海洋汚染の現状など，ごみに関わる問題について論じ，あわせて，各種リサイクル法と行政，事業者，市民のごみゼロ社会の実現に向けた取組みを紹介している。また，後半は，運搬・破砕・選別などのごみ処理技術や，わが国，および海外（ヨーロッパ，米国）でのリサイクルの取組み事例を解説している。特に，ごみ発電，燃料化，新燃料など，エネルギーについては，最新の情報を取り入れた。

　最後に，結論として「ごみゼロ社会は実現できるか」について実践的に論じている。すなわち，リサイクルを進ませる要因（法規制や経済的な支援，技術

開発，市民の支援と関与），リサイクルを市場原理の社会で成立させるための方策（補助金・環境税などの政策，ボランティア経済の導入，処理費をベースにしたビジネスモデルの構築など）などについて述べ，ごみゼロ社会を実現するための提言を行っている。

　環境問題を扱う技術者だけでなく市民や学生の方々などに広く理解いただけるようにわかりやすく記述することに努めた。多くの方がこの本によってごみに関する問題やごみゼロ社会に向けた取組みに少しでも興味や関心を持ち，行動の動機付けになれば幸いである。

　本書は，1章，2章，3章，7章は西が，4章，6章は行本と西が，5章は行本と西と立田が原稿を担当し，行本が全体を統括した。また，東京農工大学の堀尾正靱教授と成蹊大学の小島紀徳教授にアドバイスをいただいたことに深く謝意を表したい。

　2006 年 8 月

行 本 正 雄

西　　哲 生

立 田 真 文

改訂版にあたって

　本書の初版第 1 刷は 2006 年に発刊された。その後，約 15 年を経て廃棄物をめぐる状況も変化してきた。一般廃棄物の排出量については，各種リサイクル法の施行に伴うリサイクルシステムの整備やごみの有料化などの施策もあって減少傾向にある一方，産業廃棄物の排出量については横ばいの状況が続いている。こうした状況の変化を踏まえ，第 4 刷において，できる限り最新のデータを用いて編集し直し，改訂版とした。

　2023 年 3 月

行 本 正 雄

西　　哲 生

立 田 真 文

目　　　次

3　リサイクルを進める社会の仕組み

4　行政，市民，産業界，だれが責任を取るのか

5　ごみゼロ社会を支える技術

6　海外のリサイクル

7　ごみゼロ社会実現に向けての課題と提言

1 ごみとはなにか

ごみ問題は，有史以来，人が生活を始めたときから生じてきた問題である。特に戦後は，大量生産，大量消費，そして大量廃棄時代を迎え，消費生活の拡大とともにごみの量が増大した。また，プラスチックなどの新たな素材が増えたことによって，ごみ問題はいっそう深刻になった。

しかし近年，以前に比べてごみ問題に対する意識が向上するとともに，レジ袋が有料化され，各種リサイクル法が整備されるなど，ごみの削減に向けた社会システムが構築されることによって，一般廃棄物に関しては過去10年間で8％減少した。また，産業廃棄物の排出量は，4億t弱で横ばいの状態が続いている。

これまでの成果を踏まえながら，ごみに対する意識の向上，リサイクル技術の開発，法規制の整備など，ごみゼロ社会の実現に向けていっそうの取組みが求められている。

1.1 ごみの定義

ごみという言葉を辞書で調べると，「役に立たないもの，塵芥，ちり，あくた，ほこり」と書かれている。また，類似する言葉として，くず（屑），廃棄物などがあるが，廃棄物については，「良い部分を選び取った後に残る，つまらないもの」[1]†とある。いずれにせよ，生産や消費の過程で，本来発生させたくないにも

---

† 　肩付番号は巻末の引用・参考文献番号を示す。

かかわらず，結果として発生してきたものがごみであり，廃棄物である。

　法律上の廃棄物の定義は，国によってまちまちである。これは，食生活やライフスタイルなどの違いやそれぞれの国の産業や廃棄物処理の歴史的経緯の違いにより，ごみの種類や発生量，あるいはごみの収集や処理の方法に違いが生じてきたためと考えられる。

　しかし，廃棄物を分類し，それぞれの廃棄物の性質に応じて，収集や処理の責任者や方法を明示していこうという考え方になっている点では，各国とも共通している。

　また，資源の枯渇や最終処理場の不足などの問題が発生してきたため，廃棄物処理から廃棄物の有効活用という観点に法律の体系や内容も変化してきた。すなわち，リサイクルや資源循環を目指した法律を新たに策定したり，既存の法律に PCB などの有害物質の取扱いに関する規定を追加するようになってきた。さらに，廃棄物問題を解決する方法として，製造者責任の考え方が導入されるなど，廃棄物の収集や処理の責任主体についての考え方も変化してきた。

　このように，ごみに関わる問題も，そしてごみ問題を解決する手段や方法についても，時代とともに変化してきている。

1.2　ご み の 種 類

　わが国においては，ごみは「廃棄物の処理及び清掃に関する法律（以下，廃棄物処理法）」の中で，一般廃棄物と産業廃棄物，また，それぞれについて「爆発性，毒性，感染性その他の人の健康又は生活環境に係る被害を生ずるおそれがある性状を有するものとして政令で定めるもの」については，特別管理一般廃棄物，特別管理産業廃棄物として区分され，排出段階から処理に至るまで，他の廃棄物以上に注意して取り扱わなければならない廃棄物として処理方法などが別に定められている。**図 1.1** に法律から見たごみの種類を示す。

　廃棄物処理法は，1970 年 12 月 25 日に公布された。1997 年以降，3 年ごとに大きな改正がなされている。**表 1.1** におもな改正点の推移を示す。改正の方

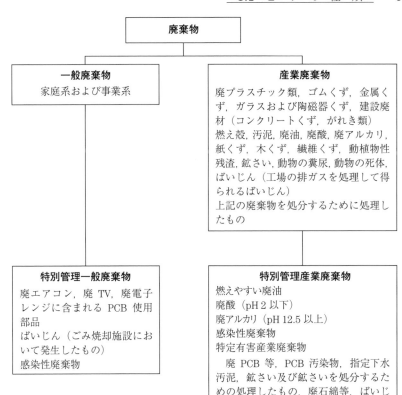

図 1.1　法律から見たごみの種類

向としては不法投棄の防止と，廃棄物処理から減量化とリサイクルの推進が大きなテーマとなっている。不法投棄については，マニフェスト制度の拡充などにより，排出者，処理事業者等の廃棄物管理の強化，国および自治体の役割の強化，不法投棄を行ったものに対する罰則の強化などが中心となっている。また，減量化やリサイクルの推進については，多量に廃棄物を排出する事業者に対する廃棄物処理計画の作成義務付けや廃棄物の発生量と処理に関する情報の公開，リサイクルの推進のための環境大臣の認定による特例の実施などが進め

表 1.1　廃棄物処理法のおもな改正点の推移[2),3)]

年	適正処理	排出事業者責任	不法投棄の禁止	不法焼却の禁止	その他
				罰則	
1970年制定時	産業廃棄物の創設		5万円以下の罰金		
1976年改正		産業廃棄物委託基準の創設	3ヶ月以下の懲役または20万円以下の罰金（有害物については6ヶ月以下の懲役または30万円以下の罰金）		
1991年改正	マニフェスト制度の創設（特別管理産業廃棄物に限定）	産業廃棄物委託基準の強化（書面による契約を追加）	6ヶ月以下の懲役または50万円以下の罰金（特別管理廃棄物は1年以下の懲役または100万円以下の罰金）		
1997年改正	マニフェスト制度をすべての産業廃棄物に拡大、電子マニフェスト制度の導入	委託基準の強化（契約書等に処理料金等を追加）	【産業廃棄物】3年以下の懲役もしくは100万円以下の罰金または併科（法人に対しては1億円以下の罰金）【一般廃棄物】1年以下の懲役もしくは300万円以下の罰金		マニフェスト虚偽記載（30万円以下の罰金）
2000年改正	委託基準の強化（契約書に最終処分地等を追加）	最終処分まで確認することを義務化	5年以下の懲役もしくは1000万円以下の罰金または併科（産業廃棄物については法人に対しては1億円以下の罰金）	3年以下の懲役または300万円以下の罰金または併科（直罰化）	マニフェスト交付義務違反（50万円以下の罰金）
2003年改正	一般廃棄物委託基準の創設		廃棄物の種類を問わず、法人に対して1億円以下の罰金未遂罪の創設（罰則は既遂と同等）	未遂罪の創設（罰則は既遂と同等）	
2004年改正			準備罪の創設（3年以下の懲役もしくは300万円以下の罰金または併科）	5年以下の懲役もしくは1000万円以下の罰金または併科（法人に対して1億円以下の罰金，準備罪の創設（3年以下の懲役もしくは300万円以下の罰金または併科）	指定有害廃棄物（硫酸ピッチ）の不適正処理（5年以下の懲役もしくは1000万円以下の罰金または併科）
2005年改正		産業廃棄物の収集運搬・処分事業者のマニフェスト義務付け、マニフェストの運用について自治体の勧告に従わない者についての公表・命令措置の導入（行政処分）			無許可での営業・事業範囲変更について法人に対して1億円以下の罰金、マニフェスト違反全般（6ヶ月以下の懲役もしくは50万円以下の罰金、無確認輸出の未遂罪、予備罪の創設（5年以下の懲役もしくは1000万円以下の罰金、法人に対しては1億円以下の罰金）

られている。

　廃棄物処理法では，廃棄物の定義を二条で，「この法律において廃棄物とは，ごみ，粗大ごみ，燃殻，汚泥，糞尿，廃油，廃酸，廃アルカリ，動物の死体その他の汚物又は不要物であって，固形状又は液状のものをいう」と規定している。ただし，放射性物質およびこれによって汚染された物（放射性廃棄物）を除く。一般的には廃棄物＝ごみと考えられているが，廃棄物の分類では一般廃棄物のうち，国内のその他廃棄物のし尿以外をごみと定義している。家庭などから排出される「生活系廃棄物」と商店・事務所などから排出される「事業系廃棄物」をあわせて「廃棄物」といい，大便や小便などを「し尿」という。家庭から排出される「ごみ」と「し尿」と「ばいじん等の特別管理一般廃棄物」を含めて「一般廃棄物」といい，一般廃棄物の処理は市町村が行うよう法律で義務付けられている。産業活動に伴って排出される廃棄物を産業廃棄物といい，廃油等の特別管理産業廃棄物と燃えがら等20種類のものが指定されている。産業廃棄物の処理は，排出事業者の責任で行うよう廃棄物処理法で義務付けられている。

　一般廃棄物は家庭系と事業系とに分かれる。後者は，事業活動に伴って発生する廃棄物ではあっても，20種類の産業廃棄物に入らない物をいい，事業系一般廃棄物と呼ばれることが多い。廃棄物処理法（三条一項）によると事業者は，事業系廃棄物については産業廃棄物であろうとなかろうと，原則としてすべてこれを自らの責任において適正に処理しなければならない。なかでも産業廃棄物に関しては，自ら処理しなければならない（十条一項）とされ，自己処理責任が規定されている。一方，一般廃棄物については，事業系一般廃棄物の処理責任は，事業者のみならず市町村にもあるとする傾向が広く見られるが，必ずしも正しくない。市町村は，一般廃棄物の処理について，一定の計画を定めなければならない（六条一項）。その計画に従い，一般廃棄物を収集，運搬，処分しなければならない（六条二項）。しかし，事業者責任を求める物については，自治体の計画で定め，一般廃棄物すべての責任を背負い込む必要はない。

1.3　ごみの発生量と処理の現状

1.3.1　一般廃棄物の現状

　図 1.2 に一般廃棄物の総排出量を，図 1.3 に 1 人 1 日当りのごみ排出量の推移を示す[4]。一般廃棄物の総排出量は年々減少しており，2020 年度の一般廃棄物の総排出量は 4 167 万 t で，2011 年度と比較すると約 8 % 減少している。

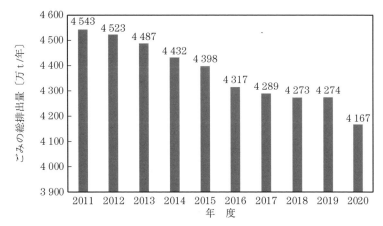

図 1.2　一般廃棄物の総排出量の推移[4]

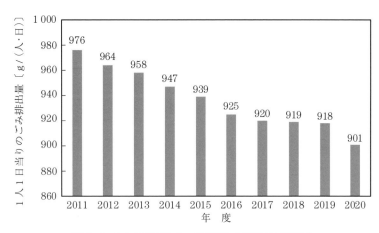

図 1.3　1 人 1 日当りの一般廃棄物の排出量の推移[4]

また，1人1日当りのごみ排出量も年々減少しており，2020年度では901gで，2011年度と比較すると，総排出量と同様8％減少している。

つぎに**図1.4**に排出形態別に見たごみ排出量の推移を示す。一般家庭から排出される生活系ごみ，事業所から排出される事業系ごみ，市民団体や町内会などによって分別回収され自治体に持ち込まれた集団回収のごみの量は，いずれも年々減少している（生活系ごみの排出量には，集団回収の排出量を含む）。

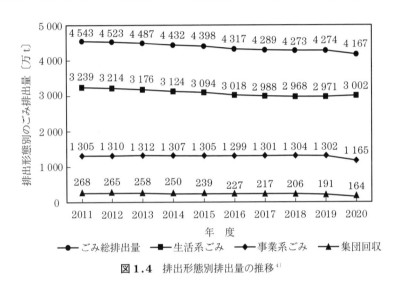

図1.4 排出形態別排出量の推移[4]

図1.5に，一般廃棄物の資源化量とリサイクル率の推移を示す。2011年度から2020年度までのリサイクル率は20％台で推移しており，ほぼ横ばいである。また，資源化されるものには，空き缶，古紙など自治体で処理をせずにそのまま資源にできるもの（直接資源化量），自治体の処理施設で処理したのち資源になるもの（中間処理後再生利用量），集団回収で分別され資源化されるもの（集団回収量）があるが，2020年度は，以上の資源化されたごみの量は全体で833万tとなり，ごみの減少に伴って2011年度と比較すると約11％減少している。

図1.6に，最終処分場の残余容量と残余年数の推移を示す。2020年度までの10年間を見ると，ごみが減少し，一定のリサイクル率を維持してきたため，

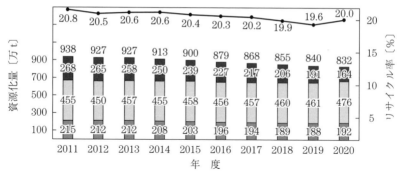

図 1.5   一般廃棄物の資源化量とリサイクル率の推移[4]

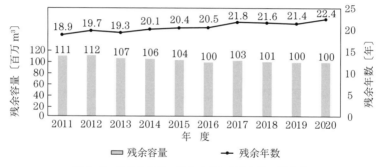

図 1.6   最終処分場の残余容量と残余年数の推移[4]

最終処分場の残余年数は 2011 年度が 19.4 年であったが，2020 年度では 22.4 年となり，約 3 年長くなっている。しかし，残余容量は，2020 年度は約 1 億 m³ で 2011 年度と比較すると 12 ％ 減少している。

1.3.2　産業廃棄物の現状

2020 年度まで過去 10 年間の産業廃棄物の総排出量は，おおむね 3 億 8 000 万 t 〜 3 億 9 000 万 t で推移している[5]。**図 1.7** に 2011 年度以降の産業廃棄物の総排出量を示す[6]。産業廃棄物の総排出量は，2011 年度は，3 億 8 100 万 t であったが，2020 年度は 3 億 9 200 万 t であった。一般廃棄物に比べて約 9.4 倍の廃

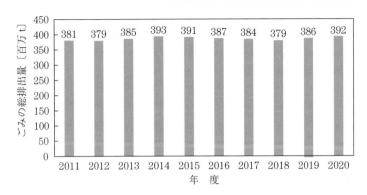

図 1.7 産業廃棄物の総排出量の推移[6]

棄物が排出されている。また，**図 1.8** に，産業廃棄物の再生利用量，減量化量，最終処分量の推移を示す。2020 年度の再生利用量は 2011 年度と比較して 5 ％，減量化量は 2 ％増加したが，最終処分量は 2020 年度は 900 万 t で，2011 年度の処分量に比べて 25 ％減少した。

図 1.8 産業廃棄物の再生利用量・減量化量・最終処分量の推移[6]

つぎに**図 1.9** に 2020 年度の産業廃棄物の業種別排出量を示す。業種別に見ると，電気・ガス・熱供給・水道業が 9 876 万 t で最も多く，産業廃棄物全体の 26 ％を占めている。これは，下水道事業で汚泥の発生量が多いことや，電

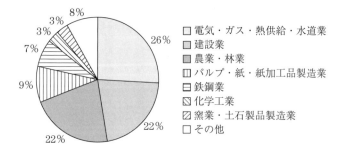

図 1.9　産業廃棄物の業種別排出量（2020 年度）[6]

気事業で火力発電所から排出される燃え殻やばいじんの量が多いことなどが要因となっている。次いで，がれき類，木くず，廃プラスチック類などの建設廃材を排出する建設業（8 364 万 t，22 ％）と，動物の糞尿などを排出する農業・林業（8 233 万 t，22 ％）の排出量が多い。以上の 3 業種で産業廃棄物全体の 70 ％ を占めている。

　図 1.10 に 2020 年度の産業廃棄物の種類別排出量を示す。種類別に見ると，汚泥が 1 億 7 043 万 t で最も多く，産業廃棄物全体の 43 ％ を占めている。次いで，動物の糞尿が 8 186 万 t で 21 ％，さらに，がれき類が 6 190 万 t で 16 ％ を占めている。以上の 3 種類で産業廃棄物全体の 80 ％ を占めている。

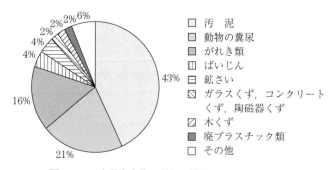

図 1.10　産業廃棄物の種類別排出量（2020 年度）[6]

　図1.11は，2020年度のごみの種類別の再生利用量，減量化量，最終処分量の構成比を示している。汚泥は，大半が水分であるため脱水と乾燥により92％が減量化されたのち，7％が再生土，堆肥，レンガやブロックの材料などに再生利用され，1％が埋め立てられている。牛や豚などの畜産農業で発生する動物の糞尿は，5％が減量化され，残りの95％は堆肥として再生利用されている。動物の糞尿は，これ以外に堆肥化の発酵の過程で発生するガスや熱を発電や熱回収する方法も行われるようになってきている。家屋やビルなどの建物を撤去するときに出るコンクリート殻や舗装補修工事で掘り起こされたアスファルト殻などのがれき類は，破砕処理され，97％が再生路盤材やコンクリートの再生骨材などに再生利用されている。そして3％が埋め立てられている。

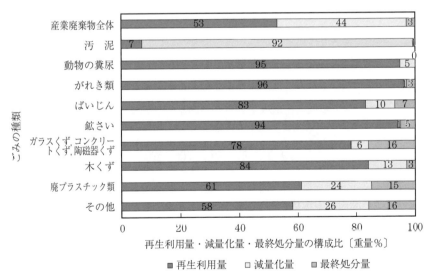

　図1.11　ごみの種類別再生利用量，減量化量，最終処分量の構成比（2020年度）[6]

2 なぜリサイクルを しないといけないのか

　ごみ問題は，不法投棄による生活環境の悪化や悪臭，ダイオキシンなどの有害物質による大気汚染，亜鉛や鉛などをそのまま埋め立てることによる土壌汚染や地下水汚染などがあり，これらはさまざまな形で健康被害の原因となるため，大きな社会の問題となってきた。

　産業廃棄物の不法投棄件数は，取締りの強化などによって近年減少傾向にあるが，まだ完全な解決には至っていない。

　また，海洋汚染やごみの越境問題などは，国際問題になっている。こうした問題を解決していくためには，問題が発生しないように監視体制を強化していくとともに，資源循環の仕組みをしっかり構築していくことが大切である。

2.1　不　法　投　棄

2.1.1　不法投棄の現状

　産業廃棄物の不法投棄件数は，**図2.1**に示すように減少傾向にあり，2020年度は139件で，10年前の2011年度と比較すると28％減っている[7]。しかし，量的には，**図2.2**に示すように，2020年度は5.1万tで，2011年度の5.3tとほぼ同じであった。また2015年と2018年には，大規模な不法投棄が発覚しており，不法投棄問題は，まだ完全に解決したとは言い難い。**図2.3**は，2020年度に発生した不法投棄を規模別に示している。50t未満が全体の58％，50t以上100t未満が14％で，不法投棄の多くは100t未満であるが，1 000t以上5 000

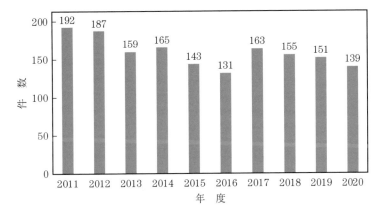

図 2.1　不法投棄件数の推移[7]

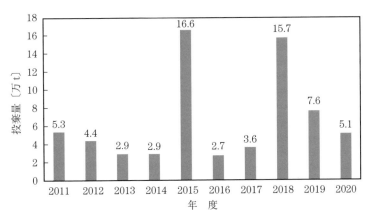

図 2.2　不法投棄されたごみの量の推移[7]

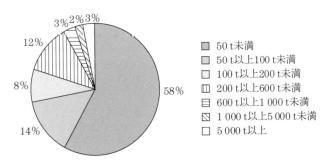

■ 50 t 未満
■ 50 t 以上 100 t 未満
□ 100 t 以上 200 t 未満
▥ 200 t 以上 600 t 未満
▤ 600 t 以上 1 000 t 未満
▨ 1 000 t 以上 5 000 t 未満
□ 5 000 t 以上

図 2.3　不法投棄の規模の内訳（2020 年度，件数ベース）[7]

t未満の不法投棄が3件（2％），5000 t以上の事案も4件（3％）発生している。

　つぎに，不法投棄実行者の内訳を**図2.4**に件数ベースで，**図2.5**に重量ベースで示す。ごみを排出する事業者が処理業者に処理を委託せずに不法投棄を行ってしまったケースが，件数ベース，重量ベースともに多い。しかし，重量ベースで見ると，無許可業者が27％，許可業者が16％占めている。これは，最終処分費用を支払うことを避けたいということから許可業者が最終処分場に搬入せずに不法に投棄をしてしまうケースで，比較的1件当りの投棄量が多いた

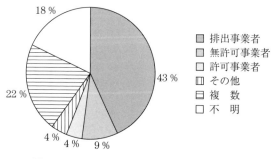

図2.4　不法投棄実行者の内訳（2020年度，件数ベース）[7]

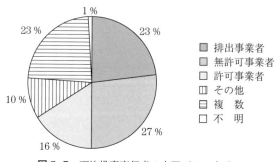

図2.5　不法投棄実行者の内訳（2020年度，重量ベース）[7]

め，重量ベースでの影響が大きくなっている。

　また，不法投棄されたごみの種類を**図2.6**に件数ベースで，**図2.7**に重量ベースで示す。不法投棄されたごみは件数ベースで70％，重量ベースでは81

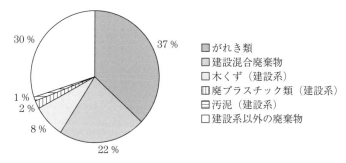

図 2.6 ごみの種類別不法投棄の内訳
（2020 年度，件数ベース）[7]

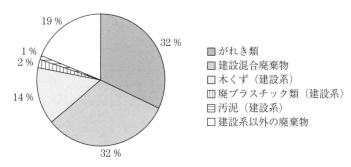

図 2.7 ごみの種類別不法投棄の内訳
（2020 年度，重量ベース）[7]

％ が，がれき類，建設混合廃棄物，木くず，廃プラスチック類などの建設系廃棄物となっている。不法投棄が起きないよう事業者の意識向上のための活動と監視体制の強化が必要である。

2.1.2 不法投棄問題に対する取組み

不法投棄対策として，これまで不法投棄をした者に対する罰則の強化，廃棄物の排出から最終処分までの経路を確認するための伝票であるマニフェスト制度（産業廃棄物管理票制度）の拡大，排出事業者の責任の強化などが行われてきた。さらに不法投棄の取締りを強化することなどを目的として，2005 年 10 月 1 日に地域ごとに地方環境事務所が設置され，今後の活動が注目されている。

その他，不法投棄された土地については，廃棄物を撤去し，適正な処理をす

ることによって原状回復をしなければならないが，そのために膨大な費用が発生する。しかし，代執行を担当する都道府県が十分な予算を持っていないため，原状回復は必ずしも順調には進んでいない。そこで，1997 年 6 月の廃棄物処理法の改正により，産廃処理センター制度が開設され，原状回復措置を取るための基金が設置された。基金は，国の補助と産業界からの援助により構成され，都道府県からの協力要請があった場合，原状回復措置の資金協力をするというものである。こうした制度により，不法投棄の原状回復が進められている。

2.2 海 洋 汚 染

2.2.1 海洋汚染の現状

地球の表面積の 70 ％ は海である。これまで海は無尽蔵に広いと考えられてきたため，ごみを海や海に通じる川に捨ててきた。しかし，海も有限であり，赤潮の発生，魚や貝類などの生物の死滅や奇形の発生など，海洋汚染が問題化してきた。海洋汚染の発生原因として，「国連海洋法条約」では，以下の 5 点を挙げている。すなわち

（1） 河川やパイプラインなどを通じて工場や家庭から汚染物が海に流れ込む陸からの汚染

（2） 海底資源探査や沿岸域の開発などの活動による汚染

（3） 陸上で発生する廃棄物の海洋投棄による汚染

（4） 船舶の運航に伴って発生する油，有害な液体物質，廃棄物の排出など船舶による汚染

（5） 大気汚染物質が雨などとともに海に混ざって生じる大気を通じての汚染

が原因として考えられている。これ以外にも，1989 年の「バルディーズ号」や1997 年のロシア船「ナホトカ号」など，原油タンカー座礁事故などの船舶事故による汚染が大きな問題となった。

図 2.8　わが国における海洋汚染件数の推移[8]

　図 2.8 は，わが国周辺海域での海洋汚染の件数を示している[8]。2020 年度の発生件数は 453 件で，2014 年度の 380 件から増加傾向が見られる。海洋汚染件数の削減に向けた一層の対策が必要である。汚染の種類としては，2020 年度は，油による汚染が 286 件（63 %）で最も多く，次いで廃棄物が 158 件（35 %）となっている。汚染の原因としては，油による海洋汚染のうち 58 %は船舶からの排出で，取り扱いの不注意が 27 %，破損が 24 %，海難事故が 22 %，故意による発生が 13%となっている。油以外の汚染では，94 %が故意による発生となっている。

2.2.2　海洋汚染に対する内外の取組み

　海洋汚染に関しては，**表 2.1** におもな国際条約を示す。陸上で発生した廃棄物の海洋投棄などを規制したロンドン条約（1975 年発効，1980 年日本批准），船舶からの油や有害液体物質，廃棄物の排出に関して規制したマルポール 73／78 条約（1973 年の船舶による汚染の防止のための国際条約に関する 1978 年の議定書，1983 年発効，同年日本加入），油による汚染に関する準備，対応，協力に関する取決めをした OPRC 条約（油による汚染に関わる準備，対応及び協力に関する国際条約，1995 年発効，同年日本加入，1998 年油以外の危険物質や

表 2.1　海洋環境保全に関するおもな国際条約

条 約 名	内　　容	採択・発効年
ロンドン条約	陸上で発生した廃棄物の海洋投棄や洋上での焼却に関する規制	1972 年採択 1975 年発効
マルポール 73 / 78 条約	船舶からの油や有害液体物質,廃棄物の排出などに関する規制	1978 年採択 1983 年発効
国連海洋法条約	海洋に関する新しい包括的な法秩序を規定	1982 年採択 1994 年発効
OPRC 条約	油による汚染に対する対応や協力に関する国際条約	1990 年採択 1995 年発効

有害物質まで対象範囲が拡大）などの条約により，国際的な取組みがなされてきた。また，わが国では，こうした条約を踏まえながら，海洋汚染の未然防止，油が排出した際の防除体制の整備，油による汚濁が発生した際の損害賠償保障制度の充実，海洋汚染防止のための調査研究と技術開発，監視取締りの強化という観点から，さまざまな対策が実施されている。

2.3　ごみの越境移動

2.3.1　ごみの越境移動の現状

OECD（Organization for Economic Cooperation and Development，経済協力開発機構）が 1988 年に廃棄物の越境移動について報告書をまとめており，廃棄物の発生量の増加に伴って，有害な廃棄物が，国外に流出する事件が増えている。こうした廃棄物の越境移動は，先進国から発展途上国に移動されるケースが大半で，受入れ国には適正な処理ができる施設が十分でないために環境汚染につながる場合も多く，大きな問題となっている。

有害物質の越境移動が起こる理由としては，廃棄物の発生国においては，有害物質の処理に関する規制が強化され，そのために廃棄物の処理コストが値上がりしていること，受入れ側の発展途上国では，人件費が発生国である先進国に比べて安いため，廃棄物から手選別で有価物を回収することによる市場が存在していることなどが挙げられる。2001 年 9 月に日本の産業廃棄物処理業者が

再生資源の古紙としてフィリピンに輸出した 2 300 t の貨物の中から，点滴用チューブなどの医療系廃棄物や使用済み紙おむつが発見され，フィリピン政府より，日本への回収を要請されるという事件が起こった。こうした状況を打開するため，監視体制や罰則の強化を進めている。

2.3.2　バーゼル条約によるごみの越境移動に対する規制

有害なごみの越境移動に関しては，1970 年代から欧米諸国を中心に行われてきた。特に，1980 年代に入って，ヨーロッパの先進国からアフリカ諸国に持ち込まれ環境汚染が生じるという事件が発生してきたため，OECD や UNEP（国連環境計画）などで話合いが行われ，1989 年 3 月，スイスのバーゼルで，一定の廃棄物の国境を越える移動等の規制を定めた「有害廃棄物の国境を越える移動とその処分の規制に関するバーゼル条約」が作成された。

内容としては

（1）　有害廃棄物などの越境移動が認められる条件を定め，それ以外の越境移動を禁止すること

（2）　廃棄物の輸出に際しては，輸出国は輸入国および通過国に事前通告を行い，相手の同意が得られない越境移動は禁止すること

（3）　越境移動の開始から処分終了まで責任ある管理を行い，越境移動や処分が環境上問題がないことを確保すること

（4）　越境移動が契約どおり終了しなかった場合は，輸出国が回収するなどの措置をとること

（5）　以上に反した場合は，罰則などの措置を講じること

などが定められている。

バーゼル条約は，1992 年 5 月より効力を発生することになり，2005 年 2 月で 163 か国と 1 機関（EU）が締結している。日本は，1993 年 9 月 17 日に同条約への加入を決め，12 月 16 日より有効となっている。

2.4　ごみゼロ運動の展開

　1960年代までは環境問題というよりも公害問題という呼び方が普通であった。すなわち，工業化の進展に伴って大気や水質などの汚染が進み，人類が事の重大さに気付いてその対策を考え始めた。公害の公は公共の公と同じような意味を持っており，人類が共有する害，すなわち人類発展のためには存在を否定できない害という意味合いを持っていた。かつて，日本の公害行政の基本理念を定めていた公害対策基本法では，公害対策は産業の振興との調和のもとに進められるという考え方が明確に示されていた。

　環境問題という呼び方が，広く使われるようになったのは，1970年代からで，このころ，日本にも現在の環境省の前身である環境庁が設置され，それまでの厚生省に代わって環境行政の中枢を担うようになった。公害問題と環境問題の基本的な違いは，公害問題では，汚染者が特定でき，産業の振興，特に工業化の拡大が前提としてあり，その結果として生じた汚染の問題にどう対処するかを考えるという手順であった。それに対してごみ問題を含め，現在の環境問題では，私たち人類が生存し，かつ快適に生活するための基盤づくりが前提となっており，優先されるのは生存と快適な生活のための基盤，すなわち環境を維持することで，これを維持しながら，産業の振興も含めた人類社会の発展を図ること，それが近年よりよく耳にするようになった持続可能な発展の意味であり，ごみゼロ社会の実現が求められるようになってきたのもこうした流れでとらえることができる[5]。

2.5　国連大学が提唱するゼロエミッション

　ゼロエミッションとは，廃棄物ゼロ（ごみゼロ社会）という意味で，資源を100％有効に活用し，同時に環境負荷をまったく伴わない社会を目指すためのキーワードを意味する。現在の技術水準では，完全に廃棄物をゼロにすること

は難しいが，廃棄物ゼロを目指すさまざまな取組みが生まれている。ゼロエミッションは，1995 年に国連大学が提唱した用語で，国連大学は，企業や家庭，地域が排出する廃棄物をゼロにすることで，資源循環型の経済社会をつくり上げるための構想（ZERI，ゼロエミッションリサーチイニシアチブ）を提唱した。1995 年 4 月には，東京の国連大学本部で，ゼロエミッション活動を推進するための第 1 回世界会議を開いた。大量生産，大量消費，大量廃棄型の今日の経済システムが持続可能な発展を難しくしていることは，いまや人々の常識になっている。この反省に立てば，21 世紀へ向かう経済社会が，20 世紀型の思考，行動様式，生産システムの延長線上にないことは明らかで，むしろそれらを思い切って否定し，捨て去ることから第一歩を踏み出さなくてはならない。新時代のイメージはエネルギー，資源が無駄なく有効に活用され，環境負荷の少ない，資源循環型の経済社会である。国連大学が提唱するゼロエミッション構想は，そのような社会を構築していくための一つの有力な方法である。

　米国の経済学者ハーマン・デーリーは，持続可能な発展のため三つの条件を挙げている。すなわち，第 1 に，再生可能な資源は再生される資源量の枠内で消費する。第 2 に，再生不可能な資源は再生可能な代替資源をつくり出し，その生産量に見合う範囲で消費する。第 3 に，排出物の投棄は自然の浄化力の範囲の中にとどめるという条件である。これらは当たり前のように思えるが三つの条件を満たしていくことはきわめて難しい。

　20 世紀の文明を支えてきた資源を無尽蔵に採掘し，それを土台にした経済発展を良しとするシステムでは，環境破壊や資源枯渇化などを招いてしまうのは当然のことである。しかし，こうした行為に反省し，持続可能な社会を実現していくための技術開発や社会システム構築への動きも始まっている。

2.6　拡大製造者責任の導入

　1990 年代に入って，ドイツの包装材に対する法律から導入され，いまでは世界的に見ても一般的な考え方になってきている。拡大製造者責任（EPR, extended producer responsibility）の考え方が導入される以前は，汚染者負担の原則（PPP, polluter pays principle）の考え方が主流であった。すなわち，汚染された場合，汚染者が回復に責任を持たなければならないということで，今日でもこの考え方は重要な考え方として継承されている。しかし，いったん消費者に渡った廃棄物（post consumer waste）に関する問題をリサイクルなどの方法によって，いかにして解消していくかという点については，汚染者負担の原則だけでなく，製品の設計を含めて考えていく必要があり，こうした点に意思決定できるのは，ほかでもなく製造者自身である[9]。

　こうした観点から，製造責任者に製品の安全性や品質だけでなく，使用済み製品の回収やリサイクルにも責任範囲を広げるという拡大製造者責任の考え方が導入された。EPR については，OECD でも議論され，定義されている。OECD では，EPR 政策を「製品に対する製造事業者の責任を製品のライフサイクル消費後の段階に拡大させた環境政策手法」と定義している[10]。

3 リサイクルを進める社会の仕組み

　最終処分場，資源の枯渇，有害物質の発生などから循環型社会の構築が叫ばれるようになった。そのためには，意識改革やリサイクル技術の向上が必要であるが，まずは，循環型社会の構築に向けた法律による規制が，最も効果的である。

　わが国のリサイクル法は，1995 年に公布され，1997 年 4 月から施行された容器包装リサイクル法から始まった。続いて，1998 年には家電リサイクル法が公布された。このように容器包装と家電からリサイクル法が始まったのは，家庭から排出される一般廃棄物では，容器包装廃棄物と使用済み家電製品の割合が高かったことと，ヨーロッパにおいてこれらの品目に対する規制の実施や規制案の検討が早かったことなどが挙げられる。

　その後，2000 年には，容器包装リサイクル法が全面施行されたことをはじめ，循環型社会形成推進基本法，建設リサイクル法，食品リサイクル法，グリーン購入法が公布され，再生資源利用促進法が資源有効利用促進法に改正された。また，2005 年には自動車リリイクル法が施行され，リサイクルに関する法律はほぼ整った。

　容器包装リサイクル法の公布から25年，自動車リサイクル法が施行されてから 15 年以上が経過し，それぞれ成果を上げている。その一方で，携帯電話，デジカメなどの小型家電製品のリサイクルなど新たなテーマも出現している。今後は，リサイクルの質的な向上やリサイクルコストの負担の軽減など，リサイクルの高度化と効率化に向けてさらに取組んでいくことが必要である。

3.1 循環型社会形成推進基本法

循環型社会形成推進基本法では，循環型社会とは，「製品が廃棄物となることを抑制し，排出された廃棄物についてできるだけ循環資源として活用し，循環的な利用が行われないものは適正処分を徹底することによって実現する，天然資源の消費が抑制され，環境への負荷ができる限り低減される社会」とされている（二条一項）。

廃棄物の施設の優先順位として

（1） 発生抑制

（2） 再利用

（3） 再生利用

（4） 熱回収

（5） 適正処分

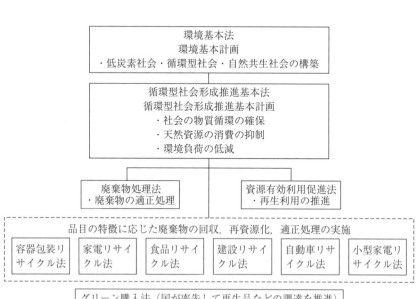

図3.1　循環型社会推進のための施策体系

を法定化しているが，これは環境負荷の有効な低減という観点から定められた原則である。

また，法律では，事業者および国民の排出者責任（廃棄物を排出した者がその適正なリサイクルや処理に関する責任を負うとする考え方）を定めるとともに，拡大生産者責任（製品の生産者がその生産したものが使用され，廃棄された後においてもその製品の適正なリサイクルや処分において責任を負うとする考え方）を明確に位置付けている[11]。

こうした考え方を基に，**図3.1**に示すように品目ごとの特性を考慮しながら

表3.1　各種リサイクル法の特徴

	容器包装リサイクル法	家電リサイクル法	食品リサイクル法	建設資材リサイクル法	自動車リサイクル法	小型家電リサイクル法
施行時期	1997年4月	2001年4月	2001年5月	2002年5月	2005年1月	2013年4月
品目	瓶，ペットボトル，プラスチック・紙製容器包装	エアコン，冷蔵庫，テレビ，洗濯機，家庭用冷凍庫，衣類乾燥機	厨芥類，食べ残し，食品残さ	アスファルトコンクリート殻，木くず，建設汚泥，混合廃棄物	自動車	パソコン，携帯電話，電子レンジ，電気炊飯器，デジカメなど28分類96品目
収集の主体	市町村，販売店（自主回収ルート）	家電製品販売店（一部は市町村）	食品製造加工業者，卸売業者，小売業者，飲食店，ホテル旅館，給食業	建設業者	自動車販売店など	市町村，家電販売店など
再資源化の主体	容器利用メーカー（飲料・日用雑貨品メーカー等），容器製造メーカー	家電メーカー，輸入業者	食品製造加工業者，卸売業者，小売業者，飲食店，ホテル旅館，給食業	建設業者	自動車メーカー，輸入業者	国による認定事業者（リサイクル事業者）
リサイクル費用の負担方法	税＋購入時（価格に転嫁）	消費者が排出時に負担	事業者が負担	工事時に発注者が負担	自動車購入時に負担（リサイクル料金の預託）	国による認定事業者（リサイクル事業者）

品目ごとのリサイクル法が施行されている。**表3.1**に以下に述べる各種リサイクル法の特徴を紹介する。

3.2　容器包装リサイクル法

　容器包装リサイクル法（以下，容リ法）は，1995年6月に公布され，1997年4月からペットボトルとガラス瓶について施行され，2000年4月1日から紙製容器とプラスチック容器が加わり，完全施行された。

　法律ができた背景としては，第1に，ごみの排出量が増加し，最終処分場の残余容量が逼迫したため，焼却・埋め立て処理からリサイクル等の循環型処理への転換が求められるようになってきたが，容器包装廃棄物は家庭ごみの中でも容積ベースで6割，重量ベースでも2〜3割程度も占めていたため，ごみの削減とリサイクルが優先的に求められたことが挙げられる。また，容器包装廃棄物は，分別などによりリサイクルできる可能性が高いと想定されたことと，リターナブル容器からワンウェイ容器への変化，過剰包装，容器や包装に用いられる素材の多様化など，容器包装をめぐる市場が変化したために，これに対応する必要が出てきたことなどが，他の品目に先駆けて容リ法が作られた理由として挙げられる。

　第2に，空容器の散乱（不法投棄）やプラスチック容器やアルミ缶の焼却炉でのクリンカー（10〜50 mm程度の塊状物で，燃焼により生成した灰分が溶融した粒子状物質）によるトラブルの発生，ガラス瓶の埋め立て処分時の作業員のけが，缶・瓶のリサイクルにおける逆有償問題など，自治体が廃棄物処理行政を実施する場面で問題が生じ，解決が求められていたことが挙げられる[12]。

　容リ法は，こうした現状を打開するため，消費者，市町村，事業者が新たな役割分担の下でリサイクルを促進する社会システムを構築し，ごみの埋め立て処分量の削減による最終処分場の延命化と資源の有効利用の推進を目的に制定された。

　容リ法で対象となる廃棄物は，家庭から出る容器包装廃棄物（ガラス製容器，ペットボトル，紙製容器包装，プラスチック製容器包装，発泡スチロールトレイ）である。容リ法制定時に有価物になっていたもの，具体的には，スチール缶，アルミ缶，紙パック，ダンボールについては，容リ法の対象から外されている。

　図3.2に示すように，容リ法では，消費者が分別排出に協力し，市町村が分別収集を行い，容器を使う食品・飲料メーカーや洗剤・化粧品など日用雑貨品メーカー，容器を作っているメーカー，食品，飲料，雑貨品などの輸入業者，商品を販売する際に容器や包装を利用する小売・卸売業者（以上を特定事業者と呼んでいる。以下，特定事業者）が再商品化を行う（有価物にする）という流れになっている。事業者が再商品化する方法としては，公益財団法人日本容器包装リサイクル協会（以下，容リ協）に委託をする（指定法人ルート），販売店などを通じて自主的に回収し，再商品化を行う（自主回収ルート），自ら独自

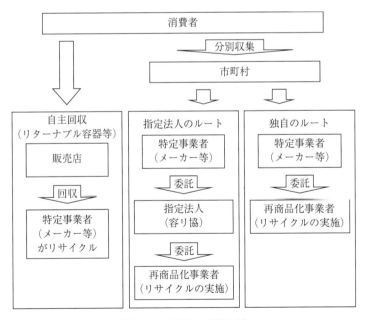

図3.2　容リ法の仕組み[13]

に再商品化を行う事業者に直接依頼する（独自ルート）の三つのルートから選択できる。しかし，大半は指定法人ルートで，自主回収ルートは牛乳瓶など一部の瓶に限られており，独自ルートで独自に再商品化事業者に委託することは，指定法人ルートに比較してコストがかかることなどにより実際には行われていない。また，消費者が分別しやすいように2001年4月から識別表示が義務化された。

　表3.2は，2020年度の容器包装廃棄物に対するリサイクルの方法を示している。容リ法の施行により容器包装廃棄物はさまざまな方法でリサイクルされるようになった。また，**表3.3**に示したのは，市町村からの引取り量の推移である。容リ法が始まった当初の2000年度は，全体で45万5853tであったが，2020年度には，126万415tと約2.8倍に増加した。単純にいえば，126万tもの廃棄物資源を埋め立てることなくリサイクルに回すことができたということになる。

　表3.4は，特定事業者からの資金で容リ協が再商品化事業者に委託した再商品化実施委託料の推移である。2020年度は全体で457億円となっており，全体の87.4％はプラスチック製容器のリサイクルに使われている。

　今後の課題としては，第1にフリーライダー対策である。容器包装を使用して事業を行う特定事業者に再商品化の義務を課している。しかし，特定事業者であるにもかかわらず，容器包装廃棄物の自主回収や独自の再商品化を実施せず，再商品化のための費用負担も行っていない事業者（フリーライダー）は多い。2001年度に経済産業省が行った調査では，約35％の事業者が委託契約を締結していなかった。このため，2006年に同法の一部が改正され，フリーライダーに対する罰則が2007年度分から引き上げられ，50万円以下だった罰金が100万円以下となった。また，環境省，経済産業省，農林水産省が合同で，2008年8月，正当な理由がないのに再商品化義務を履行しなかった事業者で，勧告に従わなかった事業者は，名称などを公表した上で，再商品化を命じた。こうした施策によりフリーライダーは減少したが，いまだに支払っていない事業者もあり，引き続き対策が必要である。

表 3.2 容器包装廃棄物のリサイクル（再商品化）の方法（2020 年度）[14]

容器包装 の種類	再商品化 事業者数	用途	容器包装種 類別の重量 構成比〔%〕
ガラス瓶	56 社	ガラス瓶製造用	70.6
		土木材料（路床，路盤，土壌改良用骨材など）	16.0
		建築材料（ガラス短繊維（住宅用断熱材など））	12.9
		その他（軽量発泡骨材など）	0.5
ペットボトル	46 社	シート（卵パック，ブリスターパック等）	37.4
		ボトル（飲料ボトル，洗剤用ボトル等）	32.0
		繊維（自動車の内装材，カーペット，制服など）	26.0
		成型品（回集ボックスなど）	4.5
		その他（結束バンド，ごみ袋など）	0.0
紙製容器	52 社	製紙原料（段ボール，板紙など）	94.5
		固形燃料	4.7
		材料リサイクル（家畜用敷料）	0.8
プラスチック 容器	43 社	ケミカルリサイクル（コークス炉化学原料，合成 ガス，高炉還元剤）	58.9
		材料リサイクル（再生樹脂，パレットなど）	41.0

表 3.3 市町村からの引取り量の推移（単位：t）[14]

年度	2013	2014	2015	2016	2017	2018	2019	2020
ガラス瓶	356 731	357 081	364 180	356 088	346 351	336 716	328 625	335 107
ペットボトル	199 962	192 715	192 169	194 865	198 821	211 480	217 065	227 338
紙製容器包装	24 753	23 278	22 660	22 195	21 629	20 897	20 729	20 274
プラスチック 製容器包装	659 169	654 002	663 014	657 264	649 573	646 914	654 538	681 436
合計	1 240 615	1 227 076	1 242 023	1 230 412	1 216 373	1 216 006	1 220 958	1 264 155

表 3.4 特定事業者が支払った再商品化実施委託料の推移 [14]

年度		2013	2014	2015	2016	2017	2018	2019	2020
委託料（総額）〔億円〕		381	372	366	348	383	404	386	457
委託料の 内訳〔%〕 （金額ベース）	ガラス瓶	4.9	5.6	6.1	6.7	6.1	6.3	6.8	6.5
	ペットボトル	1.3	0.3	0.8	0.6	0.1	5.9	1.9	5.3
	紙製容器包装	0.1	0.1	0.1	0.1	0.9	0.8	0.8	0.8
	プラスチック 製容器包装	93.7	94.0	93.0	92.7	92.8	87.0	90.5	87.4

第2は，市町村での分別の促進である。具体的には，市町村が回収した廃棄物を再商品化事業者に引き取ってもらうためには，リサイクルしやすくするため，ガラス瓶を色別に分別し，10 t 車 1 台分にまとめておくこと，ペットボトルは圧縮して 10 t 車 1 台分の量を保管することなどが必要である。そのための設備などを整備し，リサイクルコストの削減に寄与した場合，削減されたコストの 1/2（合理化拠出金）を 2008 年度から事業者が市町村に支払うことになった。今後も効率的で良質なリサイクルを実施していくためには，市町村の協力が必要である。

第3は，消費者の発生抑制の推進である。レジ袋の拒否，簡易包装の推進など，容器包装廃棄物の発生を少なくするよう消費者に対する啓発活動を続けていく必要がある。

第4は，リサイクルの用途と技術の開発である。付加価値の高いリサイクルの実現を目指して開発していくことが大切である。

容器包装廃棄物は，広く薄く分布している。そのため，今後も消費者，企業，自治体が協力しながら廃棄物の削減とリサイクルの促進に努めていくことが必要である。

3.3 家電リサイクル法

家電リサイクル法は，1998 年 5 月に成立し，同年 6 月に公布され，2001 年 4 月に施行された。

同法ができた背景としては，家電製品が一般廃棄物の粗大ごみの中での比率が高いにもかかわらず，家電製品の大型化や複雑化により，市町村の粗大ごみ施設では十分なリサイクルができなくなってきたこと，オゾン層を破壊する冷蔵庫やエアコンのフロンガスへの対応が必要になってきたことなどが挙げられる。

同法は，こうした家庭ごみの中で大きな割合を占める家電製品に対して，事業者の責任によってリサイクルシステムを構築し，リサイクル率を向上させることで最終処分量を削減して埋め立て処分場の延命化を図ることと，利用され

ずに廃棄されていた金属などの資源の有効利用を図ることを目的としている。

　対象となる廃棄物は，当初は家電製品の 80 ％（重量ベース）を占めるブラウン管式テレビ，冷蔵庫，洗濯機，エアコンの 4 品目でスタートしたが，2004 年4 月より冷凍庫が，また，2009 年 4 月から液晶式およびプラズマ式テレビと衣類乾燥機が加わった。なお業務用の大型冷蔵庫など業務用に製造されている商品は対象外となっている。

　一般的には，**図 3.3** に示すように消費者は家電量販店や地域電器店などの家電小売店に排出し，家電小売店は家電メーカーが指定する指定引取り場所に搬入する。家電メーカーは，指定引取り場所から使用済み家電製品を再商品化施設に搬入し，リサイクルを行うという流れになっている。

　市町村も家電製品のリサイクルを行うことは法律上できるが，施行令で定められたリサイクル率をクリアするためには設備の改善等が必要なため，実際には法律の施行とともに対象品目を搬入禁止品目にし，家電小売店への搬入を促進している自治体が多い。

　リサイクルは，2022 年 6 月 1 日現在，パナソニック，東芝ライフスタイルな

消費者（使った人→費用を払う人）
・適正に引き渡す
・収集・運搬，再商品化等にかかる費用を支払う

管理票（家電リサイクル券）の写しを保管

家電小売店（売った人→収集・運搬をする人）
・自らが過去に販売した対象機器を引き取る
・買い替えの際に引取りを求められた対象機器を引き取る

管理票（家電リサイクル券）の発行・保管

家電メーカー等（つくった人→リサイクルをする人）
・自らが過去に製造・輸入した対象機器を引き取る
・引き取った対象機器をリサイクルする

管理票（家電リサイクル券）の写しを保管

図 3.3　家電リサイクル法の仕組み

ど 18 社の A グループと，日立グローバルライフソリューションズ，三菱電機，ソニー，シャープなど 18 社の B グループに分かれて実施している。

二つのグループに集約することになった理由としては，第1に経済性である。各社が個別にシステムを構築すると投資が大きくなり，リサイクル料金が高くなる。リサイクル料金をできる限り下げることが狙いである。第2は，家電小売業者の負担の軽減である。製造業者が別々に指定引取り場所を設置するのではなく，集約した場所を設けることで利便性を高めるという狙いがある。

再商品化施設は，2022 年 7 月 1 日現在，全国 45 か所の施設で稼働している。（A グループ 28 施設，B グループ 15 施設，AB グループの共同使用 2 施設）

また，指定引取り場所は，家電リサイクル法施行時は，A，B それぞれグループに分かれて設置されていたため，家電小売店は，A グループのメーカーが製造した商品と B グループのメーカーが製造した商品とに分けてそれぞれの指定引取り場所に搬入しなければならなかったが，2009 年 10 月 1 日から共有化され，現在はすべての指定引取り場所で共同引取りを実施している。指定引取り場所は，2022 年 7 月 1 日現在，全国 329 か所に設置されている。

なお，大阪府では，独自に大阪府リサイクルシステム認定制度を設置し，地元廃棄物事業者による大阪リサイクル事業協同組合が低価格で家電製品のリサイクルを実施していたが（家電リサイクル大阪方式），2016 年 3 月末で終了した [15]。

家電リサイクル法は，消費者が使用済みの家電製品を排出するときにリサイクル費用を払う点が特徴である。**表3.5** は，使用済み家電製品の再商品化にかかる費用として消費者に請求している料金の例である [16]。一般に消費者は，これに家電小売店が指定引取り場所まで運搬する必要を加えた金額を支払う。

表3.6 に品目ごとの再商品化等基準の推移を示す。再商品化等基準は，2001 年 4 月の施行後，2009 年と 2015 年の 2 回改定されたが，ブラウン管式テレビを除き，改定ごとに基準は上がっている。**表3.7** は実際に実施された再商品化率の推移を示している。基準は上がっても各年度とも基準を満たしている。**表3.8** は，再商品化された処理台数の推移を示す。処理台数は年々増加してお

表 3.5　使用済み家電製品の再商品化等にかかる料金 [16)]

		大小区分	税抜き	税込み
エアコン		区分なし	900 円	990 円
テレビ	ブラウン管式	小（15 型以下）	1 200 円	1 320 円
		大（16 型以上）	2 200 円	2 420 円
	液晶式・プラズマ式	小（15V 型以下）	1 700 円	1 870 円
		大（16V 型以上）	2 700 円	2 970 円
冷蔵庫・冷凍庫		小（170ℓ以下）	3 400 円	3 740 円
		大（171ℓ以上）	4 300 円	4 730 円
洗濯機・衣類乾燥機		区分なし	2 300 円	2 530 円

注 1：費用はメーカーによって多少異なる。表は，パナソニック製品の例（2022 年 12 月現在）。なお，家電販売店から指定引取り場所までの運搬費は別途かかる。

表 3.6　家電リサイクル法で定められた使用済み家電製品の再商品化等基準の推移 [16)]

年　度		2001 年 4 月〜	2009 年 4 月〜	2015 年 4 月〜
エアコン		60 % 以上	70 % 以上	80 % 以上
テレビ	ブラウン管式	55 % 以上	55 % 以上	55 % 以上
	液晶式・プラズマ式	対象外	50 % 以上	74 % 以上
冷蔵庫・冷凍庫		50 % 以上	60 % 以上	70 % 以上
洗濯機・衣類乾燥機		50 % 以上	65 % 以上	82 % 以上

表 3.7　再商品化率の推移（単位：%) [16)]

年　度		2017	2018	2019	2020	2021
エアコン		92	93	92	92	92
テレビ	ブラウン管式	73	71	71	72	72
	液晶式・プラズマ式	88	86	85	85	85
冷蔵庫・冷凍庫		80	79	80	81	81
洗濯機・衣類乾燥機		90	90	91	92	92

表 3.8　再商品化処理台数の推移（単位：千台) [16)]

年　度		2017	2018	2019	2020	2021
合　計		11 704	13 625	14 618	15 873	15 442
エアコン		2 816	3 426	3 573	3 819	3 547
テレビ	ブラウン管式	1 025	1 059	973	996	819
	液晶式・プラズマ式	1 465	1 896	2 301	2 960	3 185
冷蔵庫・冷凍庫		2 932	3 363	3 544	3 642	3 594
洗濯機・衣類乾燥機		3 466	3 881	4 227	4 456	4 297

り，2021 年度は対象品目全体で 1 544 万台に達したが，石油から新たに作られるプラスチックの価格が再生プラスチック製品よりも安いため，プラスチック部品の水平リサイクル（廃棄された再生プラスチックから，廃棄前と同じ部品のプラスチックに戻すこと）が進まないことが課題となっている。

　また，2013 年 4 月には，パソコン，携帯電話，デジタルカメラ，電子レンジ，炊飯器，掃除機など，28 分類 96 品目を対象とした小型家電リサイクル法が施行された。小型家電製品には，鉄，アルミ，銅，貴金属（金，銀など），レアメタル（リチウム，ニッケルなど）が含まれているため，「都市鉱山」と呼ばれることもあり，有効に利用することが求められている。使用済みの小型家電は，自治体や家電量販店が設置する回収ボックスなどで回収されているが，法律自体の認知が十分でないことなどにより，年間約 65 万トンが発生していると推計される中で，回収量は年々増加しているものの 101 942 t（回収率 15 %）（2020 年度）にとどまっていることが課題となっている。

3.4　建設リサイクル法

　建設リサイクル法は，建設工事に伴って発生するコンクリート塊，コンクリートと鉄からなる建設資材，廃木材，アスファルト・コンクリート塊を対象に 2000 年 11 月より段階的に施行され，2002 年 5 月から分別解体と再資源化を義務付けた。

　建設廃棄物の解体・分別にかかる費用は，最終的に建物を建てる発注者の負担になる。通常，1 戸建て住宅の解体費用は，廃棄物処理費を含めて 120 ～ 130 万円と試算される。発注者は解体工事費をできるだけ少ない費用に抑えようとするため，建築を請け負う建設業者は下請けの解体業者に安い費用で解体工事を行うよう要請することが多く，不法投棄を促すことになった。そこで，**図 3.4** に示すように発注者に解体工事や建設工事に伴って発生する廃材の種類や量，再資源化や中間処理の目標値などを盛り込んだ計画書の都道府県への届け出と完了後の報告を義務付けた [17]。また，解体工事業者に資格制度を設け，

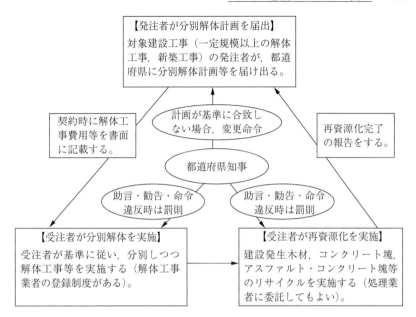

図3.4 建設リサイクル法の仕組み

建物の解体時にできる限り分別することを義務付けた[17]。

建設リサイクル法の課題としては，第1に，建設混合廃棄物のリサイクル率の向上が挙げられる。**表3.9**に建設リサイクルの2018年度の目標と実績，2024年度の目標を示す[18]。アスファルトは再生アスファルトに，コンクリート塊は路盤材に，建設発生木材は製紙原料やボイラー燃料にとそれぞれリサイクルする市場があるため，それぞれ2018年度で95％以上のリサイクル率を達成している。また，建設汚泥についても，脱水・乾燥を実施することによって縮減し減量化を実施するようになったため，再資源化または縮減を実施した割合は，94.6％になった。一方，建設混合廃棄物は，再資源化または縮減を実施した割合は63.2％で，他の廃棄物に比べて低い。これは，建設混合廃棄物は廃プラスチックなどからなる混合物であるため，再生資源として用いるためには分別が必要であるが，手間の割に経済的なメリットが少ない。リサイクルを行った建設業者に対する評価制度や経済的な優遇措置の設置などリサイクルを促進するための仕組みづくりが必要である。

表 3.9 建設リサイクル推進計画 2020 の進捗状況 [18]

対象品目	指標の内容	2018 年度目標	2018 年度実績値	2024 年度達成基準
アスファルト・コンクリート塊	再資源化率	99 % 以上	99.5 %	99 % 以上
コンクリート塊	再資源化率	99 % 以上	99.3 %	99 % 以上
建設発生木材	再資源化・縮減率	95 % 以上	96.2 %	97 % 以上
建設汚泥	再資源化・縮減率	90 % 以上	94.6 %	95 % 以上
建設混合廃棄物	排出率[注2]	3.5 % 以下	3.1 %	3.0 % 以下
	再資源化・縮減率	60 % 以上	63.2 %	な し
建設廃棄物全体[注1]	再資源化・縮減率	96 % 以上	97.2 %	98 % 以上
建設発生土	有効利用率[注3]	80 % 以上	79.8 %	80 % 以上

注 1：建設廃棄物全体＝アスファルト・コンクリート塊＋コンクリート塊＋建設発生木材＋建設汚泥＋建設混合廃棄物
注 2：全建設廃棄物排出量に対する建設混合廃棄物排出量の割合
注 3：建設発生残土の建設発生土有効利用率は，建設発生土発生量に対する現場内利用およびこれまでの工事間利用等に適正に盛土された採石場跡地復旧や農地受入等を加えた有効利用量の割合

　第 2 の課題は建設発生土の有効利用の促進である。建設発生土の有効利用を促進するため 2018 年度の目標から新たに建設発生土の有効利用率が加わった。

　第 3 の課題は不法投棄の削減である。本書の第 2 章で述べたように不法投棄のうち件数ベースで 70 %，重量ベースで 81 % が，がれき類，建設混合廃棄物，木くず，廃プラスチック類などの建設廃棄物である。建設廃棄物は，容量が大きい割に付加価値が低く，他の廃棄物に比べて不法投棄されやすい。取締りや罰則の強化，関係者への指導の強化とともに再資源化施設の整備や建設副産物の利用を促進するための施策が求められている。

3.5　食品リサイクル法

　食品リサイクル法は食品の製造，加工，卸売，小売を行っている事業者（食品メーカー，食品卸業，スーパー，コンビニエンスストアなど）や飲食物を提

供している事業者（レストラン，食堂，喫茶店，ホテル，旅館，結婚式場，給食業など）など，食品廃棄物が発生する事業者を対象に 2000 年 5 月に成立し，同年 6 月に公布され，2001 年 5 月から全面施行された。

こうした食品関連の事業者は，大小あわせて全国に約 100 万社あるといわれているが，法律では，年間 100 t 以上の食品廃棄物を排出している事業者のみを対象としているため，対象事業者数は約 1 万 6 000 社と推定されている。**表3.10** に 2020 年度の食品廃棄物の発生量と処理方法を示す。また，**図3.5** に食品リサイクル法の仕組みを示す[20]。

表3.10 食品廃棄物の発生量と処理方法（2020 年度）[19]

	年間発生量〔千 t〕	食品廃棄物の活用・処理状況〔%〕					再生利用量〔千 t〕	再生利用の用途別割合〔%〕				
		再生利用	熱回収	減量化	以外[注1] 再生利用	最終処分		肥料	飼料	メタン	油脂製品および油脂	その他[注2]
食品製造業	13 389	79.1	3.1	13.0	2.3	2.6	10 585	14.2	78.3	3.9	2.7	0.9
食品卸売業	231	57.8	1.3	4.7	7.3	28.9	134	51.5	29.9	3.0	13.4	2.2
食品小売業	1 110	38.5	0.0	0.3	0.3	61.0	427	28.6	40.0	8.0	22.0	1.4
外食産業	1 506	18.7	0.0	0.6	0.1	80.5	282	25.9	51.1	2.8	19.9	0.4
食品産業計	16 236	70.4	2.6	10.9	2.0	14.2	11 427	15.5	75.6	4.0	4.0	0.9

注 1：食品リサイクル法で示された再生利用方法以外での利用（セメント，きのこ菌床，暗渠疎水材，牡蠣養殖用資材などでの利用）を示す。
注 2：炭化して製造される燃料および還元剤，エタノールなど

食品リサイクルに関する課題としては，第 1 に，リサイクル率の向上が挙げられる。食品リサイクル法が施行された当初の 2004 年度と 2020 年度の再生利用と減量化を含めた再生利用等実施率を比較すると，食品産業全体で 45 % から 86 % へと高くなっている。これは食品リサイクル法の制定により，各事業者が積極的に取り組みを実施した成果だといえる。しかし，食品小売業から発生する食品廃棄物の 61.0 %，外食産業から発生する食品廃棄物の 80.5 % が埋め立て処分されており，こうした業種では，一層のリサイクルの促進が必要である。このように食品小売業や外食産業でリサイクル率が低いのは，食品を調理する段階で油分や塩分が投入され肥料や飼料に適さないことが多いことや，

```
┌─────────────────────────────────────────────────┐
│        主務大臣（環境大臣，農林水産大臣）          │
│  ・基本方針の作成                                 │
│      数値目標の作成                               │
│  ・事業者の判断基準の策定                         │
│      発生抑制，減量，再生利用の基準の策定         │
└─────────────────────────────────────────────────┘
```

指導・助言・勧告・命令

```
┌─────────────────────────────────────────────────┐
│     食品廃棄物年間排出量 100 t 以上の食品関連事業者 │
│ （食品関連事業者＝食品の製造，流通，販売，外食に携わる事業者）│
│  ・発生抑制，減量，再生利用の実施                 │
│      再生利用等については，自ら実施しても，肥料・飼料等の製造業│
│      者に委託してもよい                           │
└─────────────────────────────────────────────────┘
```

図 3.5　食品リサイクル法の仕組み

調理することにより廃棄物の品質が安定しないことなどが要因になっている。新たなリサイクル方法の開発が必要である。

　第 2 の課題は，エネルギー利用や工業用原料としてリサイクルの可能性の追求がある。堆肥化は，食品リサイクルの中では比較的容易な技術であるが，国内農業の低迷に伴い，利用先がなかなか見つからないという問題が生じている。そこで，CO_2 排出量の削減という点からも，電力や燃料などのエネルギー利用や生分解性プラスチックなど工業用原料としての活用が期待されている。しかし，いずれの場合も採算ベースに乗せることが難しく，リサイクル技術の向上が求められている。

3.6　自動車リサイクル法

　自動車リサイクル法は，2002 年 7 月に制定され，2005 年 1 月に完全施行された。自動車リサイクル法の仕組みを**図 3.6** に示す。

　同法ができた背景としては，第 1 に，当時から，使用済み自動車は，エンジンなどの部品を取り除いたのち，破砕機（シュレッダー）にかけられて切断され鉄などの金属が回収されていたが，残りの残渣であるシュレッダーダスト

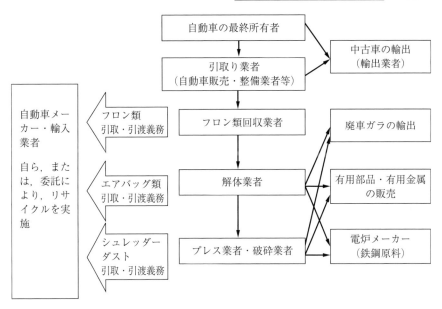

図3.6 自動車リサイクル法の仕組み

（ASR）については，リサイクルされずに，ほとんどすべてが埋め立てられていたため，埋め立て処分場の延命という点からリサイクルを促進する必要があったこと，カーエアコンの冷媒に使われているフロン類や破砕時に金属が飛び散るエアバッグの処理は，専門性を持った事業者が行う必要があったことが挙げられる。**表3.11** で示すように，同法によって，シュレッダーダストのうち，

表3.11 使用済み自動車のリサイクルの方法[21)]

分　類	品　目	リサイクルおよび処理方法
自動車リサイクル法施行以前から部品・資源としてリサイクルされている品目（同法の対象外）	エンジン，トランスミッション等	・中古部品としてリユースまたは資源として再生利用
	タイヤ	・燃料としてリサイクル
	ボディ（鉄）等	・資源として再生利用
自動車リサイクル法の対象品目	シュレッダーダスト	・ウレタン・繊維は，熱エネルギーとしてリサイクル ・ガラス等は，舗装材などにリサイクル
	エアバッグ類	・安全に適正処理 ・金属部分は資源としてリサイクル
	フロン類	・無害化処理

ウレタンや繊維は，熱エネルギーに利用され，ガラス等は舗装材などにリサイクルされるようになった[21]。

　また，鉄くずなどの資源の値段が下がり，使用済み自動車を処理する場合に，有償ではなく，引取り料を支払って引き取ってもらう（逆有償）状態になってしまったため，不法投棄や路上放置された使用済み自動車が多く発生し，削減の必要が生じたことも第2の背景として挙げられる。2003年3月時の調査によれば，不法投棄または違法な保管状態にある使用済自動車の台数は全国で16万8 806台発生していた。しかし，同法が施行されたことにより不法投棄台数は大幅に削減され，2017年は4 833台になり，2003年の数値と比較すると1/30以下にまで減少した。

　リサイクル料金は，家電リサイクル法と異なり，原則として，消費者が新車購入時に負担する。リサイクル料金は車種や型式によって異なり，約7 000円から約1万8 000円である。

━■〔ティータイム〕■━

グリーン購入法

　グリーン購入法は，環境に配慮した商品の普及を目的に作られた法律で，どのような商品が環境に良いのか選択すべき商品（特定調達品目）の種類と判断基準を示している。この法律は，環境に配慮した商品を国等が優先的に購入し，供給面だけでなく，需要の面から環境配慮商品の普及を促進していくことが目的となっている。

　法律が施行された2001年2月には14分野101品目であったが，その後，追加され，2022年2月には22分野285品目になっている。現在，紙類（コピー用紙やトイレットペーパーなど），文具類（シャープペンシル，クリアファイルなど），画像機器（コピー機，プリンターなど），制服・作業着，インテリア・寝装寝具（カーテン，カーペット，毛布など），公共工事の資材（再生材料を用いた舗装用ブロック類など）など，多数に及んでいる。

　また，ティッシュペーパーであれば「古紙パルプ配合率100 %」，文具類であれば「主要材料がプラスチックの場合は，再生プラスチックがプラスチック重量の40 %以上使用されていること」など，品目ごとに基準があり，基準は毎年見直される。

　課題としては特定調達品目に挙げられた商品のコストがそうでない商品に比べて一般に高いことなどにより，民間企業での利用を促進することが課題と

なっている。

プラスチック資源循環促進法

　プラスチック資源循環促進法が 2021 年 6 月に公布され，2022 年 4 月から施行された。プラスチックごみによる海洋汚染の深刻化や，日本国内ではごみとなっていたプラスチックを資源として輸入していた中国が 2017 年に規制を開始し，他の東南アジア諸国も輸入を禁止したため，国内でプラスチックを資源として循環させる必要性が高まってきたことが法律のできた背景となっている。

　この法律では，基本原則として 3R（リデュース・リユース・リサイクル）＋「リニューアブル（再生可能）」を掲げている。リニューアブルとは，石油を原料としてプラスチックを作るのではなく，バイオマス（植物など生物由来の資源で化石資源を除いたもの）でできたバイオマスプラスチックなどの再生資源に置き換えることを意味している。

　また，環境配慮設計のほか，消費者に無償で提供されている 12 品目を特定プラスチック使用製品と定め，前年度に提供した特定プラスチック使用製品の量が 5 t 以上の事業者には，使い捨てプラスチック製品の使用の合理化（使用の削減）を求めている。表 3.12 は，特定プラスチック使用製品の対象品目，対象事業者，使用の合理化の具体例を示している。

表 3.12 特定プラスチック使用製品の対象品目，対象事業者，使用の合理化の具体例[23]

項　目	内　容
対象品目	フォーク，スプーン，テーブルナイフ，マドラー，ストロー，ヘアブラシ，くし，カミソリ，シャワー用キャップ，歯ブラシ，衣類用ハンガー，衣類用カバー
対象事業者	小売業（スーパー・コンビニ・百貨店など），宿泊業（旅館・ホテルなど），飲食店（カフェ・レストラン・居酒屋など） 持ち帰り・配達飲食サービス業（フードデリバリーのサービスなど），洗濯業（ランドリーなど）
使用の合理化の具体例	スプーンやフォークを有償で提供する。 スプーンやフォークが必要かどうか提供時にお客様に確認し，不要の場合は，提供を控える。 木製のスプーンや紙ストローを提供する。 テイクアウト商品の飲料の蓋をストローが不要な飲み口に変更する。 宿泊施設では，歯ブラシ等のアメニティを部屋に置かず，必要な人はフロントに声をかけて受け取ったり，アメニティコーナーで受け取ったりすることで使用を削減する。 クリーニング店でハンガーを店頭回収し，リユースまたはリサイクルする。

表 **3.13** は，自動車の新車販売台数，使用済み自動車の引取り報告件数，引取り車両の平均使用年数の推移を示している。新車販売台数，引取り件数は，いずれも 2013 年度をピークにやや減少し，2021 年度は，新車販売台数が 422 万台，引取り件数（台数）は 305 万台となっている。また，引取り車両の平均使用年数は若干ではあるが，年々上昇し，2021 年度は 16.4 年となっている[22]。

表 **3.13** 自動車の新車販売台数，引取り報告件数，平均使用年数の推移[22]

年　　度	2013	2014	2015	2016	2017	2018	2019	2020	2021
①新車販売台数〔万台〕	569	530	494	508	520	526	504	466	422
②引取り報告件数〔万件〕	343	334	316	310	331	339	337	315	305
①－②	226	196	178	198	189	187	167	151	117
引取り車の平均使用年数	14.3	14.6	14.9	15.2	15.3	15.5	15.6	16.0	16.4

注 1：自動車には，乗用車，トラック，バスが含まれる。

今後の課題としては，第 1 に，リサイクルのさらなる高度化が挙げられる。例えばワイヤハーネス（複数の電線を結束帯などでまとめたもの）の 20% 程度は，手間がかかるとしてリサイクルされずに処分されている。自動車メーカーとリサイクル事業者とが協力しリサイクルを促進するための方法を検討していく必要がある。

第 2 の課題は，次世代自動車のリサイクルである。電気自動車は，エンジンやトランスミッションに代わってモータや電池が装備されている。そのため，モータや電池のリサイクルを考えていく必要がある。実際に大量に廃棄されるのはまだ先のことであるが，今後，こうした次世代自動車の環境配慮設計，リサイクル技術の開発，リサイクルシステムの構築などを検討していく必要がある。

4 行政，市民，産業界，だれが責任を取るのか

　ごみ問題を解決していくためには，行政，市民，産業界が，たがいの役割を果たしながら協力していくことが大切である。

　行政は，法規制やさまざまな基準づくり，情報の公開，リサイクル施設の設置に対する資金的な補助などの施策を通して，リサイクルの促進に努めている。

　また，産業界は，地球環境問題への貢献とともに経費の節減や環境ビジネスの促進という観点から，省資源，省エネルギーなどを推進してきた。

　市民は，資源回収などの面で循環型社会の構築に寄与するとともに，持続可能なライフスタイルで暮らしていくことが求められている。

4.1　ごみゼロ社会の実現に向けた国の政策

4.1.1　リサイクル施設の設置と再生資源の市場拡大に対する支援

　容器包装リサイクル法をはじめ，ごみゼロ社会の実現に向けた法律を整備しても，リサイクル率を向上させるためには，受け皿として実際にリサイクルを行う施設を作らなければない。しかし，リサイクル施設の建設には多大な投資が必要であると同時に，再生材はバージン材に比べてコストが高く，品質が悪くなることも多いため，目的は正しくてもビジネスとして成立させることは必ずしも簡単ではない。そこで，経済産業省と環境省が連携して，1997年度より開始したのが，エコタウン事業である。

　具体的には，地方公共団体がエコタウンプランを作成し，国の承認を受けることとハード面では環境調和型地域振興施設整備費補助金により，リサイクル施設を建設する民間企業等は，建設にあたって資金の補助が受けられた（当初は 1/2 補助，途中から 1/3 に変更）。

　また，ソフト面では，環境調和型地域振興事業費補助金により，構想策定，調査，フィジビリティスタディ，環境産業見本市，技術展，共同商談会等の開催，環境産業育成のためのマーケティング事業などについて，それぞれの地域特性に応じた支援が受けられた。

　ハード面に関しては，地方公共団体では，年々一般廃棄物が増加するものの，既存の処理施設や処分場だけでは対応しきれない状態であったが，新たな施設の建設は困難な状況にあった。エコタウン事業は，こうした状況を打開する点でも効果があった。図 4.1 に示すようにエコタウン事業は 26 地域が承認され，リサイクルの量の向上（リサイクル率の向上）とリサイクルの質の向上（より

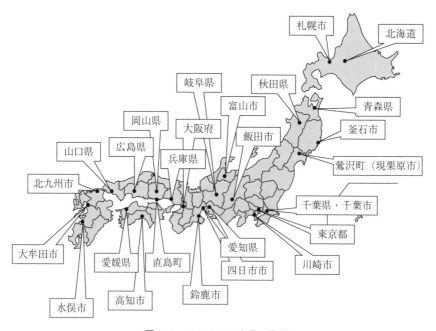

図 4.1　エコタウン事業一覧[24]

付加価値の高い再生材の増加）に成果を上げた。

　しかし，制度ができて時間が経過する中で，エコタウン事業に対してさまざまな意見や課題が出されるようになってきている。

　第1は，地域との連携が挙げられる。エコタウンは，全国および各地域のリサイクル率の向上に大きく貢献したが，いわばリサイクル工業団地が建っているだけで，地域経済や地域社会との結び付きが弱いとの指摘を受けている。エコタウン施設で生産された再生資源の地域での活用の促進や地域社会の市民を巻き込んだ事業などに，今後一層取り組んでいく必要がある。

　第2に施設間の連携が挙げられる。つまり，リサイクル施設が林立しているだけで，施設間の連携が弱いとの批判も受けている。しかし最近では，エコタウン施設間で，資源となる廃棄物のやり取りをしたり，エコタウン施設から発生する残渣（ざんさ）をエコタウン内の事業者が共同で処理しようとする動きも見られるようになった。エコタウン施設間の連携により，さらに効率的なリサイクルの促進が求められている。

　第3に，事業採算性の問題がある。エコタウン内の事業者すべてが，事業採算性の点でうまくいっているとは必ずしもいえない。その原因としては，当初想定したとおりにリサイクルする資源ごみが十分に集まらないという問題と，再生資源の利用先が少ないという問題がある。どのように解決していくか各事業者に求められた課題となっている。

　第4に，環境負荷についての定期的な評価が必要だということである。環境アセスメントによって基準を満たしていることは確認されているが，大気，水質，土壌，騒音，悪臭などの面で周辺環境に影響を与えていないかどうかつねにチェックをしていく必要がある。

　また，将来的に廃棄されることが予想される電気自動車，太陽光パネルなどのリサイクルや高品質な再生材を生み出すための技術の開発など，今後も続けていく必要がある。

4.1.2 事業者，NPO，市民等の連携プロジェクトへの支援

ごみゼロ社会を実現していくためには，リサイクル施設を作るだけでなく，資源ごみの回収やリサイクル商品の利用など，さまざまな点で，事業者，NPO等の市民団体，市民らが連携しながら，進めていく必要がある。しかし，こうした活動は，連携のチャンスもルートも限られており，自立的に進展することは難しい。

そこで，こうした事業の支援策の事例として，2005年から経済産業省がスタートさせた環境コミュニティビジネスモデル事業がある。

この事業は，地域における企業・市民等が連携した環境コミュニティビジネスの立ち上げに係るソフト面での基盤整備や事業展開に必要な準備作業等を公募し，経済的な補助を行うものである。環境省もエココミュニティ事業というほぼ同様の事業を開始した。

図4.2に2005年度のモデル事業（13団体）を示す。

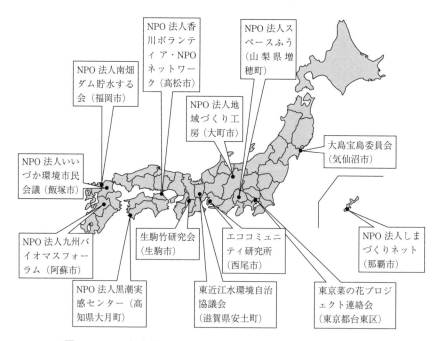

図4.2 2005年度環境コミュニティビジネスモデル事業（13団体）[25]

NPO 等，市民団体の環境活動を評価し，支援するという点で画期的な支援制度であり，採択された事業に関しては円滑な事業展開の実現という点で成果を挙げたが，各事業をそれぞれの地域全体のゼロエミッション構想や環境負荷削減計画とどのように結び付けていくかが明確ではなく，個々の事業を地域全体の構想とどのように結び付けていくかという点については，今後の課題である。

4.1.3 サービス提供型事業への支援

ごみゼロ社会の実現のためには，大量生産，大量消費，大量リサイクルといった流れを回避するため，製品の購入からサービスの利用に切り替えていくことも大切である。

すなわち，レンタル，リース，シェアリング，リペア（修理），アップグレード，製品の長寿命化，製品のリユース，メンテナンスなど，消費者に製品を購入してもらうのではなく，機能を提供したり，機能の維持向上を図るためのサービスを提供する事業（プロダクツサービス）や，コンサルティング，代行サービス，省エネ診断など，製品の提供によらず，消費者によって環境負荷の低いものにする事業（ノンプロダクツサービス）を支援していこうという施策も生まれている。

こうしたものの一つに，2005 年度より経済産業省が始めたグリーンサービスサイジング事業がある。これはモデル事業を公募し，採択されると，年間上限400 万円の枠内で委託金が支払われるというもので，企業向けユニフォームのリユース事業，容器のレンタルサービス事業，木製遊具のリース事業などが採択されている[26]。

4.1.4 自治体等の地域プロジェクトへの支援

ごみゼロ社会を実現するためには，地方自治体のまちづくりの中にゼロエミッションの構想が組み込まれている必要がある。そのための具体的な事例として，環境省が自治体等を対象に実施した「環境と経済の好循環のまちモデル

事業」がある。

この事業は，自治体が提案した計画に対し，国からの委託によるソフト事業を行うとともに，温室効果ガスの排出量を削減するためのハード整備に必要な経費の一部を国が交付するもので，大規模事業と小規模事業に分けて公募した点がこの事業の特徴になっている。2004 年度から 2007 年度まで実施された。2004 年度は応募件数 27 件（大規模 13 件，小規模 14 件）に対して，**表 4.1** と **表 4.2** に示すように 11 件（大規模 6 件，小規模 5 件）が採択された。

表 4.1 2004 年度の環境と経済の好循環のまちモデル事業採択自治体（大規模事業）[27]

自治体名	事 業 名	委託費でのおもな実施事業	交付金でのおもな導入予定設備
福島県いわき市	環境ネットワークシティ・いわき	見学ツアーやリサイクル技術の体験学習の実施，セミナー，情報提供	木質バイオマス熱分解ガス化設備，廃食油精製設備，スプレー缶ガス再利用設備，木質バイオマス流体化設備，温泉熱利用食品リサイクル設備，ペレットボイラ
茨城県つくば市	つくば市「草のNeco2ちっぷ」事業	草の Neco2 ちっぷのシステム整備および自立事業化計画の策定，ちっぷの製作，ちっぷ事業の普及啓発	小型風力発電設備（小中学校：設備から得る売電収益がちっぷの原資となる）
群馬県太田市	太田まほろば事業	コンセプトハウスをモデルとしたエコハウス普及方策の検討	廃棄物焼却施設の省エネ改修，家庭用燃料電池（特区内学校），環境教育拠点施設の断熱化，地中熱・太陽熱利用，省エネ住宅
福井県鯖江市	地場産業と環境が調和するまちづくり事業	コミュニティバス利用のマップ作成，事業者向け環境教育の実施，漆器の森づくり，地場産生分解性水切りネット活用による生ごみ分別収集	下水処理バイオガス精製設備，バイオガス・ガソリン併用車，エコバスステーション，ハイブリッド生ごみ分別トラック，太陽光生ごみ堆肥化設備，低公害車，廃食油マイクロガスタービン
長野県飯田市	「環境時代のグローカル」（環境と地域経済の融合）推進事業	エコハウスの事業評価，商店街 ESCO のシステム設計，バイオマスサミット，自然エネルギー大学校の運営	ペレットボイラ，ペレットストーブ，省エネ住宅，家庭用燃料電池，太陽光発電，商店街 ESCO の個別設備，天然ガスステーション
山口県周南市	周南市地球温暖化防止まちづくりモデル事業	節電事業所キャンペーン，エコドライブ認定，環境学習プログラムの実施	県産温暖化防止製品，木質バイオマス混焼設備（石炭火力），固体高分子型燃料電池コージェネ，灯油型業務用燃料電池，太陽光・小型風力発電

表4.2 2004年度の環境と経済の好循環のまちモデル事業採択自治体（小規模事業）[27]

自治体名	事 業 名	委託費でのおもな実施事業	交付金でのおもな導入予定設備
岩手県住田町	森林・林業日本一の町づくり推進事業	フォーラム開催，森林・林業体験教室	木屑焚きボイラと発電設備，木屑焚きボイラの熱を園芸ハウスに利用する導管，ペレットストーブ，ペレットボイラ
山形県飯豊町	地産地消と交流を基本とした環境にやさしい自立の町を目指して	エコビレッジプランの策定，木質ペレット生産体験，普及啓発イベント，環境共生型ライフスタイル教育プログラムの実施，森の学校の開設	環境共生型モデル住宅，学校への市民共同太陽光発電所・ペレットストーブ・マイクロ風車，木質燃料ストーブ，ペレットボイラ，木質ペレット生産プラント内省エネシステム
島根県平田市	森林環境再生起源事業～地球環境の再生を出雲から～	バイオマス発電設備への資源持ち込みキャンペーン，鉄道利用によるバイオマス発電所見学会，出雲圏水素社会プロジェクト実施計画の策定，シンポジウム	バイオマス発電設備
徳島県上勝町	上勝町脱化石原料とゼロ・ウェイストアカデミー事業	ゼロ・ウェイストスクール運営のための情報収集，発信，スクールにおける人材育成事業，エコマネーによる経済・物流の変革モデル事業	チップ製造ライン，チップボイラ，ペレット燃焼機器
高知県檮原町	循環と共生のまちづくり事業	環境の里づくり推進委員会の運営，風況調査による環境教育	マイクロガスタービンコージェネ，省エネハウス，エココミュニティセンターの風力・太陽光ハイブリッド発電，木屑焚きボイラ，太陽光発電

選考においては，① 地域特性の活用，② 多様な主体の連携協働，③ モデル性，④ 環境保全効果（交付金事業の温室効果ガス排出量の削減効果，その他の環境保全効果），⑤ 経済活性化・雇用効果の五つの項目を中心に有識者による評価委員会で評価の上，決定された。自治体を主体としたモデル事業は，その後もさまざまな形で実施されており，成果を挙げている。

4.1.5 静脈物流システム構築のための支援

効率的なリサイクルを実現するためには，物流システムが重要な役割を果た

す。特に，自動車に比べて環境負荷の低い船舶と鉄道の利用は重要である。特に，船舶に関しては，広域的なリサイクル施設の立地に対応した静脈物流ネットワークの拠点となる港の整備が必要となってくる。

　こうしたことを目的として進められた事業にリサイクルポート（総合静脈物流拠点港）の指定がある。図4.3のように，2002年5月に室蘭港，苫小牧港，東京港，神戸港，北九州港が，2003年4月に石狩湾新港，八戸港，釜石港，酒田港，木更津港，川崎港，姫川港，三河港，姫路港，徳山下松港，宇部港，三池港，中城湾港が指定され，さらに2006年12月に能代港，舞鶴港，三島川之江港が，2011年1月に境港が指定され，これまでに合計22港が指定されている。

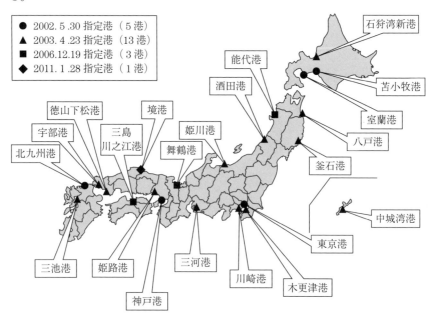

図4.3　リサイクルポート[28]

　港は，物流基盤として機能するだけでなく，エネルギーや製品の生産拠点となったり，リサイクル等により生じた残さを処分できる廃棄物海面処分場などを有している場合もあり，国土交通省港湾局では，今後も港湾を核とした総合的な静脈物流システムの構築に向けた取り組みを推進していく考えである。

4.1.6　資源としてのバイオマスの活用の促進

農林水産業では，これまで廃棄物として処理されていた家畜排せつ物や下水汚泥などの利用を図るとともに，生物由来のバイオマスを石油，石炭，天然ガスなどの化石資源に代替する資源としても活用していくことを目指している。

こうした動きが本格化したのは，バイオマス・ニッポン総合戦略が2002年12月に閣議決定されたことから始まる。2005年からは，バイオマスの活用を積極的に推進していく自治体をバイオマスタウンとして指定し，2011年には318の市町村が公表されている。その後，2009年6月には，バイオマス活用推進基本法が制定され，2010年12月には，この法律に基づいてバイオマス活用推進基本計画が閣議決定された。

バイオマス活用推進基本法では，地球温暖化の防止，循環型社会の形成，国際競争力の強化，農山漁村の活性化などの観点からバイオマスの活用を促進していくことが定められ，内閣府，農林水産省，総務省，文部科学省，経済産業省，国土交通省，環境省の7府省合同のバイオマス活用推進会議も設置された。

また，バイオマス活用推進基本計画は，2022年9月に新たに閣議決定され，2030年度を目標にバイオマスの年間産出量の約80％を利用することを目指している。**表4.3**は，2019年時点でのバイオマスの利用率と目標を示している。

表4.3　バイオマスの利用率（2019年）

バイオマスの種類 （主要指標）	バイオマス利用率				
	2025年 目標	2019年時点			2030年 目標
		発生量	利用量	利用率	
家畜排せつ物	約90％	約8 000万t	約6 900万t	約86％	約90％
下水汚泥 下水汚泥リサイクル率	約85％	約7 900万t	約5 900万t	約75％	約85％
下水道バイオマスリサイクル率※1	－			約35％	約50％
黒　液	約100％	約1 200万ℓ	約1 200万ℓ	約100％	約100％
紙	約85％	約2 500万t	約2 000万t	約80％	約85％
食品廃棄物等※2	約40％	約1 500万t	約440万t	約29％	約63％
製材工場等残材	約97％	約510万t	約500万t	約98％	約98％
建設発生木材	約95％	約550万t	約530万t	約96％	約96％
農作物非食用部 （すき込みを除く）	約45％	約1 200万t	約370万t	約31％	約45％
林地残材	約30％以上	約970万t	約280万t	約29％	約33％以上

※1　下水汚泥中の有機物をエネルギー・緑農地利用した割合を示したリサイクル率。
※2　食品廃棄物等（食品廃棄物および有価物）については，熱回収等を含めて算定した利用率に改定。

4.2　自治体のリサイクル支援策

4.2.1　再生品認定制度

　リサイクル製品の市場を拡大するため，再生品の認定制度を設定する都道府県が増えている。これは，リサイクル製品の品質を自治体が保証し，広報活動を行うことによって，市場を伸ばしていこうとするもので，岐阜県が最初である。2004 年 4 月現在で 18 の県で立ち上がっている。

　例えば，三重県では，三重県リサイクル製品利用推進条例を 2003 年 3 月 27日に公布し（同年 10 月 1 日施行），この条例に基づいて，2005 年 1 月 4 日現在で，レンガブロックなどの建設資材74，堆肥など農業関係資材15，プランター，スポーツネット，軍手，くん炭などの物品が 8，かき殻，間伐材などによる資材など環境資材 12，合計 109 製品が認定されている。

　再生品認定制度の課題として第 1 に，制度をつくっただけでは，必ずしも利用の促進につながらないという点が挙げられる。

　再生品認定制度は，自治体が再生品の品質保証しているという点で意義はあるが，リサイクル製品は価格が高いことや，生産システムや流通システムが十分確立していないことなどの理由により，必ずしも普及促進にはつながっていないという反省もある。今後，市場を伸ばしていくためには，自治体がグリーン調達をいっそう促進することとともに，事業者側も製品のバリエーションを増やすなど，製品や市場の開発に努力していくことが求められている。

　第 2 の課題として自治体間の基準が不統一であるという点が挙げられる。再生品認定制度は，それぞれの自治体が，地元の有識者などによる選考委員会を設け，選定された製品を再生品として認定するケースがほとんどである。各自治体で情報収集を行っているが，自治体間での基準が不統一である。また，各自治体が地域の産業振興を目的として認定するため，地元企業の製品であることが必要条件となり，他県の製品との比較はできない場合が多い。

4.2.2 廃棄物交換システム

廃棄物交換システムとは，排出事業者がどのような廃棄物資源を持っているかの情報を公開し，同時に，再利用や燃料等に利用するリサイクル事業者等の情報も公開することにより，両者をマッチングさせ，廃棄物資源の利用を促進していこうという目的で実施されているもので，古くは1975年から都道府県を中心に実施されてきた。最近では，インターネットでアクセスできるような仕組みができている。

廃棄物交換システムの課題としては，第1に利用頻度が少ないという点が挙げられる。多くの自治体でシステムが立ち上がっているが，取引件数が少ないのが悩みとなっている。これは，制度自体の周知が不足していること，取引希望者の相手側の意向を確認せずに情報を紹介しているため，取引の段階に至ってニーズに合わないケースがあることなどによる。

第2に，廃棄物資源を逆有償で処理料金を取って引き取る場合，廃棄物処理法に則って，業の許可を取る必要があるが，こうしたことが認識されずに取引されるケースもあり，廃棄物処理法等についてもあわせて周知徹底を図る必要が出ている。

4.2.3 地域活性化を目的とした自治体プロジェクト

国だけでなく都道府県や政令市などが独自に地域産業の活性化とリサイクル

╔══ ティータイム ══╗

産 廃 税

産廃税（産業廃棄物税）とは，排出事業者や中間処理業者に課税し，最終処分場や最終処分場周辺自治体の環境整備などに用いる目的税で，2002年4月に三重県で初めて導入され，2005年4月までに22の自治体（府県政令市）で導入されている。

産廃税は，課税とともにその税収の活用によって，ごみ問題の解決や循環型社会の形成などに寄与することを目的としている。したがって，税収が有効に使われ，実際にどの程度の環境負荷削減の効果が現れているのかを評価し，より良い社会制度の検討につなげていくことが今後の課題である。

の促進を目的としてリサイクルシステム構築のためのプロジェクトを立ち上げるケースも増えている。

　例えば，徳島県では，産官学による「とくしま環境ビジネス交流会議」を立ち上げ，県内の事業者間での情報交換を行いながら，県内でのリサイクル産業の構築を目指している。2004 年度は，廃プラスチックと廃食用油のリサイクルに関する研究会を実施し，廃食用油についてはバイオディーゼル燃料（BDF）の事業化に向けた検討を行った。

　千葉県では，国のバイオマスニッポン総合戦略[29]を受けて，2003 年 5 月に「バイオマス立県ちば」の推進方針を公表した。千葉県では，県内を臨海部のメタン発酵施設やガス化溶融炉とそれらの施設と関わりをもつ企業によるハイテクバイオマスタウン，農村部の堆肥化等の大規模共同利用施設，飼料化施設を利用したアグリバイオマスタウン，林業関連地域での大型の製材機や破砕機などの施設を生かしたウッドバイオマスタウン，南房総地域や九十九里浜地域での観光関連施設などを利用したフラワーバイオマスタウンの四つに分類し，県内のポテンシャルを生かしながら，バイオマスの活用による地域産業の活性化と循環型社会の推進を目指している。

4.3　ごみゼロ運動と市民参加

　ゼロエミッションの実現のためには，企業や行政の力だけでなく，市民の力が不可欠である。しかし，商店街や町内会，環境 NPO など，市民団体での取組みも最近は盛んになってきた。特に，早稲田商店会を中心としたエコステーションの取組みや菜の花プロジェクトなどは，全国的な広がりを見せ，全国レベルのネットワークが形成されてきている。

　今後は，こうした動きを各地域のごみゼロのための全体計画の中にうまく位置付けていくことも大切なテーマとなってきているといえる。

4.3.1　環境NPOによるごみの回収・リサイクルへの取組み

最近は，環境NPOの活動にも特筆すべきものがある。ごみゼロに関するNPOの活動としては，廃棄物資源の回収・リサイクル，フリーマーケットの開催，環境学習の場の提供，リユース商品の発展途上国への援助などが行われている。

例えば，NPO法人エコハウス御殿場では，古着，廃食用油，割り箸，かまぼこ板，アルミ缶・ヤクルトの空容器，牛乳パック，使用済みテレホンカード，書き損じはがき，古切手，プリペイドカードなどを回収している[30]。

廃食用油は石鹸に，割り箸は製紙原料に，かまぼこ板は炭にして土壌改良材に，牛乳パックは再生紙やトイレットペーパーに，それぞれリサイクル事業者に渡すことにより有効利用している。

また，アルミ缶，使用済みテレホンカード，書き損じはがき，古切手，プリペイドカードなど，収益の出るものは，アルミ缶は車椅子を購入して福祉協議会に，また，使用済みテレホンカードなどは福祉協議会に渡し，福祉協議会の活動資金にしている。このように環境への取組みが福祉への貢献にもなっている。古着等は状態の良いものは，リサイクルブティックで販売し，それ以外は東南アジアに輸出している。

4.3.2　早稲田商店会など商店街の取組み

1996年8月に，早稲田商店会が「早稲田いのちのまちづくり実行委員会」を設立し，早稲田において環境・まちづくり活動を開始した。現在は，周辺の7商店会（早稲田大学周辺連合商店会），480店が参加している。もともとは，夏休みに学生が帰省し，顧客が減ってしまう夏枯れ対策として開催したエコサマーフェスティバルだった。これが成功したことをきっかけに，環境への取組みだけでなく，本格的なまちづくりに取り組んでいる[31]。

1998年から常時実施したエコステーション事業は，2003年までに全国70か所で導入されている。エコステーションとは，空き缶回収機とペットボトル回収機を取り付け，回収機に空き缶等を入れるとラッキーチケット（商店街のイ

ベント参加店で使える商品券や値引き券）が当たるような仕組みになっている。これを，東京都のコンビニエンスストア等で回収する東京ルールに対抗して，早稲田ルールと呼んでいる。1999 年以降は，全国 70 か所に及ぶ商店街と連携し，毎年，全国リサイクル商店街サミットを開催している。

4.3.3　菜の花プロジェクトの取組み

1998 年に，NPO である滋賀県環境生活協同組合（略称，滋賀県環境生協）が中心となり，滋賀県や県内の市町村，地元の製造業者，農業関係者，ほかの NPO などと連携して実施されるようになった。

事業としては，休耕田などに菜の花を植えて，観光用や食用に栽培し，花から菜種油を搾油して学校給食や一般家庭で使われ，その廃油を廃食用油燃料化プラントで精製処理し，バイオディーゼル燃料として，軽油代替燃料として，自動車，農業用トラクター，漁船等に使用される。また，菜種油の搾油過程で発生する油粕は，家畜の飼料にしたり，菜の花畑の肥料として活用される。菜の花プロジェクト[32]についても，全国的な広がりを見せ，2001 年以降，菜の花サミットが開催されている。

4.4　産業界のごみゼロ社会への取組み

4.4.1　ビール会社のゼロエミッション活動

ビール会社は各社ともゼロエミッション活動がこれまでに積極的に行われてきた。日本のビール工場で初めてゼロエミッションを達成したのは，キリンビール横浜工場であるが，その取組みは横浜工場がリニューアルされた1991年より開始され，1992 年から本格的な挑戦が始められた。これは 1994 年に国連大学がゼロエミッション構想を発表するよりも早く，その後，1994 年には再資源化率 100 ％ を達成した。1997 年にはアサヒビール茨城工場も達成し，1998 年にはアサヒビールは全工場で工場廃棄物の 100 ％ 再資源化を達成した。同じくエコ・ブルワリー活動を展開していたサントリーの全ビール工場において

も 1998 年 12 月に副産物・廃棄物の再資源化 100 ％ を達成し，1999 年以降もその仕組みに沿って活動を実践している。また，発生する副産物や廃棄物の総量の削減にも取り組んでいる[33]。

表 4.4 に示すように食品関連工場では，廃棄物のさまざまな利活用に取り組んできた。ビールの場合，製造工程で排出される麦芽糖化かすなどは良質な牛の飼料として畜産農家に利用され，また余剰酵母は医薬品や菓子の原料の一部として使用されている。むしろ資源化が難しいのは，廃プラスチック，蛍光燈，乾電池，スラッジ類，再生できない紙などである。

表 4.4 食品関連工場の副産物と再資源化[33]

業 種	製造プロセス	原 料	製 品	副産物（廃棄物）	再資源化用途
食品関係	米ぬか原油	米ぬか	米ぬか原油	小米 脱脂米ぬか	米菓 配合飼料
	ビール	モルト コーングリッツ コーンスターチ 砕米 ホップ 水道水	ビール	麦芽糖化粕、 ホップ粕 汚泥 乾燥酵母 ラベルかす ビニール 廃棄 P 箱 ステンレス樽	肥料，飼料 肥料 飼料 トイレットペーパー 建築用資材 建築用資材 ステンレス原料
	植物油	植物油製造プロセス工業用水	食用植物油	廃白土 廃油 脱臭抽留物 脱水汚泥	セメント原料 ボイラ助燃剤 ビタミン E 抽出原料 セメント原料
	調味梅干	梅干 調味液	調味梅干	余剰調味液	他製品の原料
	米ぬか原油	米ぬか	米ぬか原油	小米 脱脂米ぬか	米菓 配合飼料
	日本酒	米 原料用アルコール 乳酸 活性炭素	日本酒	ぬか 酒粕 紙類	加工食品・せんべいなど 加工食品・ぬか漬け 再生

そこで，社員のみならず，工場内の関連会社・協力会社・工事会社・外来者も含め，トップダウンで工場廃棄物 100 ％ 資源化を業務として取り組んだ。

ビール工場の現状を工程別，種類別に形態・数量の調査を行い，原料受入れから始まり，製品出荷，間接部門まで多岐に排出物の発生量を分析し，リユース，リサイクルの再資源化や減量化を検討する。廃棄物の再資源化は自社で活用するケースは少なく，他分野の産業での活用を視野にあらゆる方面（業界紙，官庁への問合せ，電話帳，売込み）で再資源化会社を見つけ，そこでの再資源化の方法，その後の利用先，販路までを確認する。特に，分別収集の仕組みづくりに力を入れ，「だれにもわかりやすく，しやすく」を具体的に展開した。工場内の分別回収ボックスの設置場所，固有番号の登録を行い，パソコンネットワークに廃棄物リストを掲載し，電子メールを使い，全員への情報伝達や共有化を行うといった取組みを実践した。

　ゼロエミッションは達成することより維持していくことのほうが難しいといわれるが，廃棄物100％再資源化を推進するポイントは，この問題をイベント的な扱いにしてしまうのではなく，品質向上やコストダウンの取組みと同等に，工場の経営活動の中にしっかり組み入れることが大切である。ゼロエミッションの管理をしていく上で，重要な要素を四つのM（設備，材質，仕組み，人）に整理してポイントを検討することが必要である。おのおののMに関して，ゼロエミッションを維持する上でどの要素に問題があるのか見極めて必要な対策を打ち，その効果をISO14001でいう内部環境監査で評価して，新たな目的目標に結び付けるPDCA（plan, do, check, action）のサイクルを着実に回すことが大切である。

　例えば，キリンビール横浜工場の活動実績によれば，1992年の活動開始では発生量4.6万t，再資源化4.3万tで95％の再資源化率であった。再資源化できていなかった物は，容器包装類（PPバンド，アルミ袋，ポリ袋など）と蛍光管，乾電池，焼却灰，スラジであった。1999年には再資源化100％を達成したが，ビール生産量の増加に伴い全体の廃棄物発生量は5.7万tと増加した。個別に見ると廃プラスチックや焼却灰の減少が顕著である。焼却灰は要焼却書類や使用済ビール券などを焼却した灰であるが，その灰はエコセメント原料として活用している。このように自社処理ではなく，他産業に活用されて成立して

いるリサイクル循環が主であるため，ビールの需要動向に伴い増減する廃棄物
発生量と再資源化パートナーのビジネスとの波長が必ずしも一致しない。問題
は過多の場合だけでなく発生が少ない場合もパートナーの事業活動に影響が出
る場合がある。ビール工場で発生するものは食品廃棄物が多く，保存性が悪い
こともあり一定の前処理を発生者側で施すが，多量に発生するものは特に再資
源化パートナーとの連携を密にしておかなければならない。また，工場で数年
ごとに非定常で発生するものは事前に予測して幅広く再資源化方法を見つけて
おく必要もある。数年間使う材質であってもいつかは廃棄物になることを考え
て購入時に材質検討をしておくことが望ましい。重金属が微量に含まれる蛍光
管や特殊なプラスチック等は，徹底した分別により分離した上でその素材メー
カーと相談し，原料化することが望ましい。

4.4.2 OA機器工場のごみゼロ活動

キヤノンは1970年代より廃棄物による環境汚染防止，廃棄物処理コストの削
減を目的に廃棄物の無害化および減量化を実施してきた[33]。1990年代には廃棄
物＝資源の基本認識のもとに，資源生産性の向上をテーマとしてグループ全体
として組織的に取り組むことによって，実効を上げてきた。廃棄物対策評価に
おいても，法規制遵守に加えてLCA（life cycle assessment，ライフサイクルア
セスメント）による環境影響評価や環境会計の導入による省資源効果を算出し
ている。

1990年と1999年におけるキヤノングループの廃棄物削減実績を**表4.5**に示
す。1990年の廃棄物は約3.5万tであったが，廃棄物の再資源化や有価物化に
より1999年の総排出量が1.4倍の増加にもかかわらず，廃棄物量約2 000tと
1990年比5％削減を達成し，2003年に全事業所の埋立廃棄物ゼロを達成した。
1990年から10年間の廃棄物削減活動での省資源効果は約70億円である。具体
的な活動としては，硝子研磨スラジ発生の半減，プリント基板製造時のめっき
液からのニッケル粉末回収，光学硝子スラジからの希土類金属回収，化学ニッ
ケルめっき液の長寿命化，バブルジェット式プリンター用インク廃液の脱色，

表4.5 キヤノンのゼロエミッション活動成果

区　分	実績〔t/年〕		比　率
	1990 年	1999 年	1999 年/ 1990 年
総発生量	43 085	58 759	1.4
総排出量	35 321	30 063	0.85
減量化量	0	17 102	
廃棄物量	35 321	1 926	0.055
再資源化物量	0	28 137	
有価物量	7 764	11 594	1.5
省資源効果 （金額換算：億円）		69.65	

発泡スチロール（緩衝材）の再利用，ストレッチフィルムの再生などである。

　現状，廃棄物再資源化の大半は他産業に委託して実施しており，排出事業者が再資源化委託費を支払っており，再資源化の用途を第三者に頼るために，その需要が不安定である。これを解決するため，今後，排出事業者内の再生循環利用が環境負荷，コスト両面で現状より優位にできる技術開発を検討している。製品の軽量・短小化を進め，製品に使用する原材料を極小化する環境配慮設計の徹底や原材料に利用する循環利用技術に取り組んでいる。

　また，リコーは環境保全を経営の重要な柱の一つとしてとらえ，環境保全と経済的価値の追求は企業経営として同一であるという環境経営を目指しており，1995 年より沼津事業所において省資源・再資源化活動をスタートさせ，1999 年 2 月に事業所から排出するすべての排出物を有効活用する循環型生産工場を 100 ％ 達成した。

　活動に当たり，ごみゼロの定義を明確にして，100 ％ 資源化する対象を三つのレベルに分類し，段階的な取組みを行った。レベル 1 では，産業廃棄物を再資源化する，レベル 2 ではレベル 1 に加えて空き缶，残飯などの事業系一般廃棄物を再資源化する，レベル 3 では，し尿汚泥など，生活系廃棄物を含めて，事業者のすべての排出物を再資源化する。活動推進体制としてルネッサンス委員会を設置し，その下に作業グループを四つ編成して，委員会を月 2 回開催した。具体的には，リサイクルの流れの可視化（再生品の展示など），複数のルート探索（セメント原料など），リサイクル品の種類を最小化（分別しないよう

に），入り口の監視（ごみになる製品は買わない），分別推進パトロールの活動に取り組んだ。その結果，事業者から排出されたごみがリサイクルされて再び事業所に返るという循環型リサイクル率も30％に向上し，廃棄物処理委託費の削減，分別による有価物のより高額での売却，ごみを買わない活動による原材料購入コストの削減等が図られ，約1億円の経済効果を生み出した。

4.4.3 製鉄所を中心とした資源循環

基幹事業である鉄鋼業は，これまでも市場に出た鉄鋼製品を鉄スクラップとして回収し，原料として循環利用してきた。鉄の製造工程から発生するスラグもセメント原料として有効利用している。さらに，鉄製造に必要なコークスの一部を廃プラスチックで代替し，鉄リサイクルの輪の中に組み込んでいる。廃プラスチックの高炉原料化とコークス炉原料化は，新日鉄，神戸製鋼，JFEスチールの各製鉄所で実施されており，産業廃棄物系の廃プラスチックだけでなく，一般市場に出た生活系の廃プラスチックも対象としており，一般社会まで含んだ循環の輪が製鉄所を中心に形成されているといえる。これらの資源循環は同時に省エネルギー効果もあり，地球温暖化防止にも貢献していることになる。

例えば，JFEグループは製鉄所を中心とした鉄の循環の中に廃プラスチックを組み込み，活用している。京浜地区では製鉄所を中心にしたリサイクル事業を推進してきた。当初，廃プラスチックを選別・加工してコークス代替として高炉で利用することからスタートし，その後，家電リサイクル施設や再生プラスチック製コンクリート型枠製造施設，PETボトルリサイクル施設を増設し，リサイクル製品の製造や資源回収をしている。この製造工程で発生するプラスチック系残渣は高炉原料化に利用している。また塩化ビニルのリサイクル施設も稼働しており，回収した塩酸は製鉄所で利用され，脱塩素化したプラスチックは高炉原料として利用している。京浜地区を中心とした資源循環のフローは，図4.4に示すように，川崎エコタウン事業や京浜エココンビナート構想に反映されている。千葉地区では廃プラスチックを他の産業廃棄物とともに，

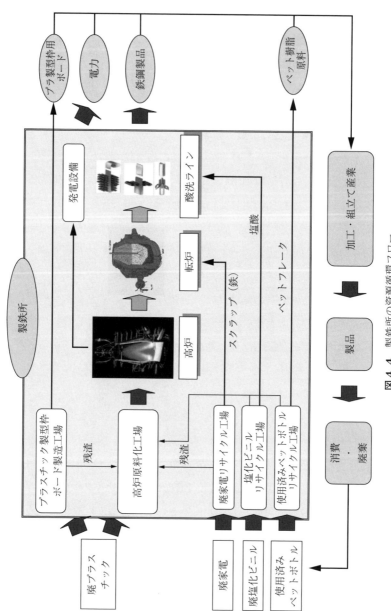

図4.4 製鉄所の資源循環フロー

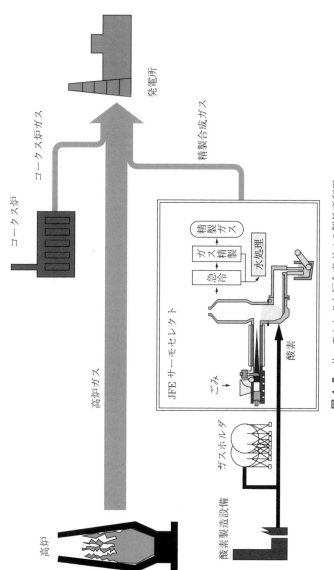

図 4.5　サーモセレクト炉合成ガスの製鉄所利用

サーモセレクト式ガス化溶融炉で処理し，合成ガスとして回収している。**図4.5** に示すように，合成ガスはコークス炉ガスや高炉ガスと混合して製鉄所で利用されている。

　福山地区でも廃プラスチックをコークス代替として利用している。廃プラスチックの中の炭素成分は鉄を還元するために使用された後，CO ガスになるので，コークス炉ガスや高炉ガスと混合して発電や加熱炉のエネルギーとして利用される。

　一企業・一業界だけでは一部のリサイクルを実現させたにすぎず，循環型社会構築には社会全体としてリサイクルを推進する必要がある。さらに効果的で経済的なリサイクルを実現するためには，国や地元自治体のリサイクル構想に協力し，ともにリサイクルを推進させる必要がある。ここでは JFE グループが地元企業としてエコタウン事業を通して循環型社会構築に貢献してきた事例を紹介する。

　川崎市は環境調和型まちづくりの基本構想を策定し，エコタウン事業による自然や環境と調和したまちづくりを推進している。川崎エコタウンは京浜地区のある京浜臨海部で 1997 年に北九州エコタウンとともに全国で最初に認定を受けた。コンセプトとしては地域への環境負荷を削減しながら産業活動と調和した持続可能な社会を目指すものである。JFE グループではこの方針に沿って，前述の廃プラスチックの高炉原料化や家電リサイクルなどのリサイクル事業を推進してきた。

　千葉地区のある千葉市蘇我地区については，2002 年に千葉県のエコタウンに

ティータイム

エココンビナート
　製鉄所や化学会社などが隣接するコンビナート地帯において廃棄物やエネルギーのフローを考慮した新しい循環型ごみゼロ都市を形成することをエココンビナートと称する。代表的な臨海部の静脈物流システムは京浜工業地帯や東京都，埼玉県，千葉県，神奈川県の 8 都市圏ごみゼロ協議会および北九州市が対象となる。

追加認定され，食品廃棄物のメタン発酵ガス化事業が蘇我エコロジーパークの中でスタートした。エコロジーパークは環境産業の集積ゾーンであり，千葉市が推進する蘇我特定地区整備計画の区域内にあって，スポーツ・レクリエーションゾーンや商業ゾーンに隣接している。食品廃棄物のメタン発酵ガス化事業は食品リサイクル法に対応したものであり，このエリア内ですでに稼働しているサーモセレクト式ガス化溶融炉と連携することにより，食品廃棄物をメタンガスとして回収している。このガスはガス化溶融炉の合成ガスとともに製鉄所で利用され，発酵残渣はガス化溶融炉に送り，ガス，スラグ，メタルとして資源化している。

岡山県ではエコタウンプランを策定し，県全域を対象にゼロエミッション化を推進することとしている。特に，倉敷地区のある臨海部の水島コンビナートでは事業者間の連携を強めて，ゼロエミッション化を図ることが期待されている。この構想に沿って JFE グループでは県内の建設系廃木材や梱包材，使用済みかき筏を炭化し，炭化物を回収する事業を2005年度から開始した。さらに倉敷市の一般廃棄物や下水汚泥，産業廃棄物をあわせてガス化溶融炉で処理する事業も順調に立ち上がっている。**図4.6** に示すこの事業は PFI 方式（民間委

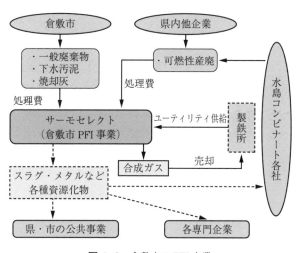

図4.6 倉敷市の PFI 事業

託）で運営するもので，ガス化溶融炉はサーモセレクト式を採用する。回収された合成ガスは製鉄所で利用される。合成ガス以外のスラグやメタル，硫黄，金属水酸化物なども有効利用されゼロエミッションに貢献している。

　福山地区のある広島県東部地域では，2000 年にエコタウンの認定を受けた。広島県ではびんごエコタウン構想を策定し，この構想では福山地区での高炉原料化施設が廃プラスチックを高炉原料に再生する施設と位置付けている。このほかにびんごエコタウン事業の一つとして，近隣の 16 市町村で一般廃棄物を RDF（ごみ固形燃料）化したものを燃料として受け入れ，発電事業をしている。RDF を高温ガス化直接溶融炉でガス化溶融するもので，灰分はスラグ，メタルとして有効利用し，燃焼熱は発電効率 28 ％ の高効率発電で電力として回収している。この発電事業ではおもに売電による収入と RDF の処理委託費で運営している。JFE グループでは広島市のほか，RDF を供給している自治体や広島県とともにこの事業に出資し，主体的な運営をしている。

　京浜臨海部では製鉄のほかに石油化学やセメント，電力，ガスなどの産業がある。コンビナート内のこれらの企業間で連携し，既存インフラを活用したより高度な資源循環型の事業化を進めている。さらに余剰エネルギーや未利用エネルギーを民生用に活用することも目標としている。また，水島コンビナートでも製鉄所との連携により同様なエココンビナート構想の事業化を進めている。エココンビナートで発生する未利用エネルギーを都市型民生エネルギーに活用できれば，省エネルギーによる CO_2 削減が達成できる。既設の地域冷暖房施設へ産業系廃熱（冷熱，温熱）を供給する地域間ネットワークを構築し，また食品残渣や下水汚泥などの都市型バイオマスや太陽光の活用，小型風車の建設なども組み込んだ構想が進められている[34]。

5

ごみゼロ社会を支える技術

　ごみゼロ社会を実現していくためには，そのための技術開発が重要である。近年，リサイクルに関する技術は，さまざまな分野で展開されるようになった。

　ごみゼロを実現していくためには，ごみの発生から最終処分まで，それぞれの場面での技術開発が必要である。すなわち，ごみの回収においては，収集，運搬の方法に関する技術が，中間処理については，ごみの種類や組成によって，分別，破砕，焼却，溶融，乾燥，中和，固化などの技術が活用されている。また，最終処分場についても，管理型処分場や遮蔽型処分場など，土壌や地下水が汚染されないような技術が利用されている[35]。

　今後も，ごみゼロ社会の実現に向けて，効率性や経済性などの観点から良質の技術が開発されていくことが求められている。

5.1　ごみの回収と破砕・選別

5.1.1　収集・運搬技術

　一般廃棄物の収集・輸送は都市ごみが中心のため，使用する収集・輸送機材の種類は多くない。収集方法は大きく各戸収集とステーション収集に分けられ，都市部では後者が一般的である。都市ごみの収集車両は約6万台といわれており，そのうちパッカー車と呼ばれている機械式ごみ収集車が60％，ダンプカーが40％で構成されている。ほかには脱着装置付きコンテナ自動車も収集作業の自動化，機械化，省力化の面で一部普及し始めている。機械式ごみ収集

車の60％が2トン車クラスの小型車で占めているが，経費低減や効率化の観点から2トン車→4トン車→6〜8トン車→10トン車と大型化を目指す傾向にある。輸送については直送方式と中継方式があり，中継方式には船舶や鉄道，車両への積替え，カプセル輸送システムなどがある。車両による中継輸送施設では，積替えコンテナ方式，コンパクトコンテナ方式が東京都，横浜市，名古屋市，京都市などの大都市で導入されている。都市ごみの管路輸送は日本では約20か所のモデル事業が開発されており，最近では東京都の臨海副都心部に処理能力400 t／日という大規模地域開発が進められ，1996年から稼働している。ごみ管路収集はいつでも好きなときに自由にごみを出せ，気候にも関係せず，人目に触れないなどの利便性，収集車の交通渋滞緩和や作業環境改善の効果がある。**図5.1**に収集・運搬方式の構成例を示す。

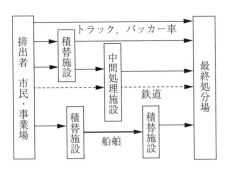

図5.1　収集・運搬方式の構成例

5.1.2　粗大・資源化施設

リサイクルセンターに関して，一般的には自治体での粗大系不燃系ごみの処理技術はごみ処理体系の中で減量化・資源化をさらに推進していく上で，今後さらにその技術が発展しなければならない分野である。資源化のレベルをさらに向上させた粗大・資源化施設はリサイクルプラザと呼ばれ，1990年度から国庫補助事業として明確に位置付けられ，その事業内容は廃棄物資源化関連事業としての不燃物処理資源化事業または可燃物処理資源化事業のいずれかと不用品の補修再生と再生品展示を行う事業である。

　ここで，リサイクルプラザに求められる機能としては，リサイクル活動の普及および意識啓発を行うこと，リサイクルのための必要な技能，技術の教育および普及を行うこと，リサイクルに必要な資機材を提供すること，リサイクルに関する催し物を開催できるスペースがあること，リサイクル活動の中心になって，交流の場を定常的に提供すること，リサイクルの背景である清掃事業の歴史的経過が理解されること，不用品の交換情報を交換できること，ごみとして出されたものを，清掃するなどして再利用できるようにすることなどが挙げられる。処理規模日量5t以上をリサイクルプラザ，5t未満をリサイクルセンターと定義し，この両者およびストックヤードも含めた廃棄物再生利用施設は，選別した有価物を必要に応じて輸送，再利用を容易にするもので，対象とする有価物の加工に適した設備とすることが望ましい。

　現在，有価物としては鉄，アルミ，ガラスカレット，ペットボトル，紙，布，プラスチック等があり，再生設備としては金属缶圧縮機，ガラス瓶破砕機，ペットボトル圧縮梱包機，紙・プラスチック用梱包機，紙・プラスチック圧縮減容機等がある。これらの設備計画に当たっては，容器包装リサイクル法の分別基準や有価物市場のニーズを調査し，選定する必要がある。国内でのリサイクルプラザで行われている処理規模30t/日以上の着工件数を**図5.2**に，施設

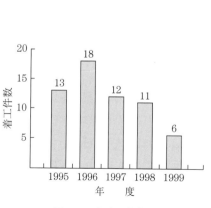

図5.2 年度別件数

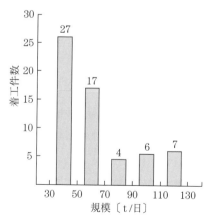

図5.3 規模別件数

規模別件数を**図5.3**に示す。着工件数は年間平均で12件,平均規模は58 t/日で,30 〜 50 t/日規模の施設が27件と全体の半数を占めている。

5.1.3 破 砕 技 術

　破砕に関する技術は,各種産業の生産プロセスの一工程として古くから重要な地位を占め,その目的に応じて各種のものが実用化されている。破砕を効率よく行うためには,被破砕物に対して,圧縮・衝撃・摩擦・せん断の4種類の力を働かせることができるが,これらの力を破砕対象物の特性に応じて単独で,または組み合わせて加える破砕機が開発されている。固形廃棄物処理用の破砕機を構造別に分類し,**表5.1**に示す。実用上の代表的な破砕機を以下に紹介する。

表5.1　破砕機の分類

乾式回転破砕機	横型	スイングハンマ式 リングハンマ式 せん断式 インパクト式
	立て型	スイングハンマ式 リンググラインダ式 カッター式
湿式回転破砕機	横型	ドラムカッター式
	立て型	スイングハンマ式
切断機		横型切断式 立て型切断式
圧縮機		キャタピラ式 ボックス式

　（**1**）　**衝撃破砕装置**　　廃棄物は高速で回転している打撃刃により衝撃を受けて破砕される。その破片はさらに衝突板に衝突し,破砕される。これらの繰返しの作用により,しだいに細かく破砕され,また比較的軟らかいものは打撃刃と衝突板との間でせん断される。一般ごみ,金属,ガラス,がれきなど,広範囲の廃棄物に適用されるが,軟質プラスチック,布などの薄物や発泡スチロール等には,衝撃・せん断のいずれも作用せず,不向きである。

（**2**）　**衝撃せん断破砕装置**　　コンプレッションフィーダーにより投入された廃棄物は，ローターに取り付けられたスイングハンマーと本体に取り付けられたカッタープレート，グレートの間のせん断力とスイングハンマーの衝撃力によって破砕される。弾性に富むプラスチック，ゴムなども比較的破砕しやすく，適用範囲が広いが，薄物の破砕が比較的困難で，巻き付きによるトラブルも生じる。ハンマーの摩耗と振動に対する対策が必要である。

（**3**）　**往復式せん断破砕装置**　　数個のくし歯状の固定刃と往復刃をV字形に対向させ，往復刃の前進により，圧縮力とせん断力によって破砕するものである。構造が簡単で，広範囲の混合廃棄物に適用され，騒音，粉じんが少ないが，細長いものや板状のものが素通りすること，および破砕後のサイズを小さくできない欠点がある。回転式に比べて破砕能力が小さい。

（**4**）　**ギロチン式せん断破砕装置**　　ごみケースに落とされた廃棄物をプッシャーによりカッターフレームの下に送り込み，押さえブロックでごみを押さえながら，上下の立て刃，横刃で切断する。プッシャーに所定の送りをかけて，連続して動作を繰り返す。廃木材，古タイヤ，金属くずなどに適用されるが，処理能力が比較的小さい。

（**5**）　**回転式せん断破砕装置**　　回転刃と本体との間のせん断力のみで破砕を行う。せん断力が強いので，比較的軟らかいプラスチック布なども破砕できる特徴を有するが，金属等が混入すると刃の摩耗が激しい。軸を2軸にし，対向する回転刃の側面エッジのせん断力を利用するサイドカッター方式やスクリュー式等もある。

（**6**）　**圧縮破砕装置**　　上下2段のキャタピラが等速同方向に回転して相対面で圧縮破砕するもので，衝撃力，せん断力はほとんど働かない。コンクリート，ガラス，家具，硬質プラスチック等に適用される。振動，騒音，発じんがなく，摩耗部品が少ない。

（**7**）　**圧縮せん断破砕装置**　　ウイングとプッシャーにより圧縮されたのち，カッターに送られ，立て刃，横刃でせん断破砕するものである。金属スクラップ，廃車，廃タイヤ，庭木材，廃プラスチック等に適用される。振動，騒

音，粉じんがあまりない。

（**8）　複合せん断破砕装置**　　圧縮せん断破砕を行う装置でギロチンと往復カッターによる２段のせん断を行って，立て，横の切断が可能な機構を持つものである。圧縮せん断破砕装置と同様の機能を持ち，布団，たたみ，タイヤ，長物廃棄物，鉄筋コンクリート，コンクリート柱等の粗大ごみに適用される。２段せん断機構により 15 cm 以下に切断され，爆発，騒音，粉じん等がなく，作動は油圧操作により自動運転され，操作性にすぐれている。

（**9）　衝撃圧縮破砕装置**　　上部に設けられた投入フードから投入された廃棄物は，打撃刃で衝撃力とせん断力を受けて一次破砕される。シェル内を下降しながら，ディスクに取り付けられた多数の粉砕ハンマーと，シェル内面に取り付けられたライナーにより衝撃，圧縮，せん断等の複合作用の繰返しを受けて，効率よくかつ均一に破砕されて排出口から排出される。廃木材，金属くず，粗大ごみ，厨芥，雑芥等に適用される。

5.1.4　選　別　技　術

選別に関する技術は，破砕技術との組合せで，埋立てや焼却の前処理として可燃物，有価物等に必要に応じて選別するもので，目標とする選別に適した設備を設けることが肝要である。選別設備は，各種の選別機とコンベヤなどの各種輸送機器から構成されているが，手選別による有価物回収を図る施設では，袋入りごみの選別を効率的に行うために，破袋機が設けられることもある。**表5.2** に代表的な選別技術とその機能を示す。

（**1）　ふるい分け選別**　　ふるい分けは，一定の大きさの開孔を持ってふるいの目または間隙を有するふるいによって，固体粒子を通過するものと，通過しないものとに分けることであり，各種の産業分野で広く使われている。ふるい分けは，粒度別に仕分ける機能が主であるが，その他の粒度差による異物除去，成分分離，あるいは形状選別，ろ過脱水，洗浄等の機能も行わせることができる。ふるい分け機械は固定ふるいと移動ふるいに大別され，移動ふるいには，可動棒ふるい，回転棒ふるい，旋回ふるい，揺動ふるい，振動ふるい等が

表5.2 選別技術とその機能

選別技術			機 能
磁力分離			金属（鉄鋼材料）の分離
うず電流分離			アルミの分離
静電分離			廃プラスチック類の分離
比重分離	乾式	風力選別（縦型，横型，傾斜型） 振動選別（振動篩，風力との併用） 篩選別（形状別トロンメル）	軽量物の分離 焼却灰，びん類，非鉄類の分離 ガラス等の粉粒体
	湿式	浮沈法（各種構造方式あり） ハイドロサイクロン 遠心式比重分離	廃プラスチック，ガラス 廃プラスチック等 廃プラスチック等
光学的分離	近赤外線分光方式 X線方式 CCDカメラ方式 特殊光方式		ペットボトル分離（黒色以外） 塩化ビニルボトル分離 廃プラ一般分別 ペットボトル分離
色彩分離			ペレットの色別分離
冷熱破砕			廃プラスチックと金属の分離

ある。

（2）**風 力 選 別**　　風力による選別技術は，古くから穀物に対する比重選別や粉体の粒子径による選別に使われている。風力による選別の特徴の第一は，水を使用しないため，廃水処理などの問題がなく，比較的単純なシステム構成が可能なことである。また，産物に対する固液分離も不要であり，さらに乾燥に余分のエネルギーを要しない。風力分別装置には，重力式と遠心力式とがある。

（3）**水 力 選 別**　　水力選別の基本原理は，風力選別のそれと同様であるが，その方式としては，軽産物またはスライムをオーバーフローさせる重力式湿式分離装置と遠心力を利用したハイドロサイクロンおよび遠心分離機がある。

（4）**比 重 選 別**　　比重選別は，まだ廃棄物の分別に利用されている例は

┤ ティータイム ├

中 間 処 理

　日本の廃棄物処理は,「廃棄物の処理及び清掃に関する法律」(廃棄物処理法)
に基づいて実施されており, この法律は 1970 年のいわゆる公害国会で制定さ
れ, 1991 年に抜本改正され, さらに 1997 年には産業廃棄物を中心として一部改
正がなされた。廃棄物処理法の中では, 中間処理という用語は使われていな
い。しかし, それに相当する用語として処分(最終処分を除く)が用いられて
いる[35]。中間処理とは, 廃棄物が発生してから最終処分するまでにもっていく
人為的操作を総称していい, 焼却, 脱水, 破砕, 圧縮などがある。中間処理は
廃棄物の 3 原則(無害化, 安定化, 減量化を図ること)に基づかなければなら
ない。一般廃棄物処理施設と産業廃棄物処理施設をあわせて, 狭義には廃棄物
(ごみ)を中間処理するための許可を必要とする施設(中間処理施設)という。

　特に, 産業廃棄物は, 一般廃棄物の約 8 倍の排出量があり, その性状が多種
多様のため, 自然還元の時間が非常に長くかかるもの, その過程において環境
汚染の問題を発生させるものが少なくない。中間処理による人為的な操作が必
要となり, ごみを安全かつ安定した状態に変化させ, 減量化する方法として,
具体的には安全化, 安定化のための焼却, 中和, 溶融および主として減量化の
ための脱水, 破砕, 圧縮が考えられる。

　ごみ処理の一般的な流れは, 図 5.4 に示すように, ごみの発生, 排出に始ま
り, 収集・運搬, 中間処理(焼却, 破砕, 資源回収など)および最終処分(埋
立など)から成り立っている[35]。焼却施設に限らず, ごみ処理の中間処理施設
を計画する場合には, どのような資源化あるいは最終処分(残渣処理)を採用
するのかが重要となる。中間処理方式の内容はさまざまであるが, 資源循環型
社会の要請からなんらかの資源化を盛り込まない中間処理施設は考えられない
ので, 技術的, 経済的, 社会的な面での慎重な検討が必要である。

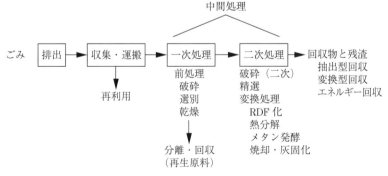

図 5.4　ごみ処理の流れ

少なく，選鉱および選炭の分野で用いられている。トイ式は，わずかに傾斜した長いトイの底の数か所に水を噴き上げて，量産物と軽産物とに分けるものである。ジグ選別は，選別しようとするものをのせた網を通して上下方向に脈動水流を作成させ，これによって比重の大小にしたがって成層させるものである。重力選別は，たがいに分離すべきものの中間の比重を持つ液体を用いて，比重の高い物を沈め，低い物を浮かべて選別するものである。

（**5**）**磁 気 選 別**　　磁気選別は，磁性物質と非磁性物質とが単体分離しており，相互付着または凝集していない物質について用いられる。なお，原液中の磁性を有していない除去対象物に添加剤を加えて，見かけ上，磁性を持たせた状態にした後，磁気を利用し，ろ過し，分別する方法もある。

（**6**）**渦電流選別**　　渦電流選別は，廃棄物から非鉄金属（おもにアルミニウム）を回収する技術として開発され，その原理は，電磁的な誘導作用によってアルミニウムに渦電流を流し，磁束との相互作用で偏向する力をアルミニウムに発生させ，電磁的に感応しないほかのものから分離するものである。

（**7**）**静 電 選 別**　　静電選別は，高電圧で形成される静電場内を通過する物質の帯電性の差を利用して行うものであり，物質の帯電性は，導電性，耐電圧，誘電率などの物質固有の物性により異なるので，原理的にはかなり広範囲にわたっての物質の分別に適用できるはずであるが，実用面において技術的（水分の調整，粒度の調整，両面処理など）に困難性がある。廃棄物分野では，コンポストの中に含まれるプラスチック，ガラス等の除去を行うための精製プロセスが発達してきている。

5.2　ごみ資源のリサイクル

5.2.1　廃プラスチックのリサイクル

2000 年は循環型社会元年と位置付けられ，また容器包装リサイクル法や家電リサイクル法など，廃プラスチックに関する法律が完全施行された。資源の有効利用の進め方も，単にリサイクルするのではなく，リデュース（廃棄物の発

生抑制），リユース（再使用），リサイクル（再利用）という3Rへの取組みに強化された。

　プラスチック製容器包装については，2004年度は契約量約54万t，実績量は約32万tで，契約量の約60％であり，収率とともに増加の傾向にある。一方，分別収集は計画どおり進んでおらず，独自ルートによる自治体単独処理もあり，再商品化事業の死活問題となっている。プラスチック容器包装の再商品化手法には，材料リサイクルとケミカルリサイクルがある。材料リサイクル優先のため，新規参入の事業者が多いが，実際には協会での審査，特に再商品化物の品質や販売ルートの確保が問題となり，申請および登録者数は多くとも，入札や落札の段階での競争は厳しい。ケミカルリサイクルでは，高炉還元（高炉還元剤ペレット製造），コークス炉化学原料化（コークス炉を用いたガス化），熱分解油，合成ガス（化学原料化または工業燃料の製造）が認定されており，16社が現在事業を実施している。中でも，鉄鋼メーカーの再商品化施設（高炉還元剤，コークス炉化学原料，合成ガス）の整備が進み，その処理能力が増大している。2004年度においても31万tの再商品化実績のうち，約25万tを占めている[36]。以下にケミカルリサイクル技術の特徴と現状を述べる。

（**1**）　**熱 分 解 油**　　1999年に社団法人プラスチック処理促進協会が経済産業省補助事業として研究開発した新潟プラスチック油化センターが年間6 000tで国内初の営業運転を始めた。前処理で異物を除去し，油化工程に供給しやすいように減容して固形片にする。混入する塩化ビニルを脱塩素し，塩化水素ガスとして除去，次いで熱分解槽で油化する。廃プラスチック1 kgから0.7 lの油が回収され，軽質油（触媒槽を経て改質し，A重油相当生成）と重質油（プラント内燃料）に分留される。北海道では札幌市など大型プラントが2か所で稼働している。収率が50％前後で，ランニングコスト高で落札できないケースも出ている。ドイツでは高炉原料化に押され，事業撤退した。

（**2**）　**高炉還元剤**　　1996年からJFEスチール東日本製鉄所京浜地区において産廃のプラスチックを高炉に吹き込み，コークスの代替再利用として事業を開始した。2000年4月からは容器包装リサイクル法の再商品化事業に登録さ

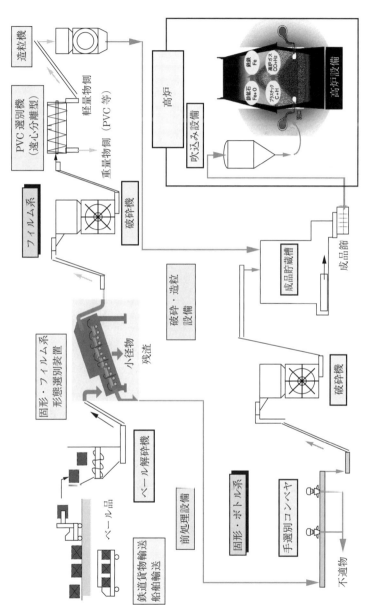

図 5.5 高炉原料化プロセス

れ，現在，JFE スチール京浜，JFE スチール福山，神戸製鋼所加古川の 3 か所で実施されている。**図 5.5** に高炉原料化プロセスを示す。前処理工程で破砕・選別され，原料ペレットを製造し，造留物は高炉羽口よりコークスや微粉炭の代わりに吹き込まれる。吹き込まれたプラスチックは瞬時に還元ガス（CO，H_2）となり，炉内を上昇して鉄鉱石を還元し，加熱溶融する。利用効率は理論的には還元作用 60 ％以上，燃料利用 20 ％以上と総合エネルギー効率80 ％以上と高い。実際の収率は 75 ％前後で，塩化ビニルは分別され，脱塩素処理され，再び高炉原料となる。

（**3**）　**コークス炉化学原料化**　　2001 年から新日鉄名古屋にて事業化を開始した。製鉄高炉用コークスを石炭から製造するコークス炉を活用し，一部石炭の代わりにプラスチックを挿入する。現在は新日鉄名古屋，君津，室蘭，釜石，八幡の 5 か所にて事業展開している。収率は 88 ％と最も高く，処理コストも安い。

（**4**）　**合 成 ガ ス**　　1998 年からプラスチック処理促進協会，荏原製作所，宇部興産の共同研究にて NEDO（新エネルギー・産業技術総合開発機構）からの委託研究を開始した。前処理工程で破砕・選別し，造粒したプラスチックを600℃ の流動床炉で熱分解し，酸素と水蒸気を供給し，合成ガス（CO ガスなど）とチャーを回収する。合成ガスは 1 300℃ の高温ガス化炉で炭化水素が分解し，水素と一酸化炭素の合成ガスになる。合成ガスはガス洗浄後，塩化水素を除去し，アンモニア合成原料となる。**図 5.6** に EUP プロセスを示す。現在は宇部市の EUP（荏原・宇部企業体），川崎市昭和電工で稼働している。千葉市ジャパンリサイクル（JFE グループ事業）は，**図 5.7** に示すサーモセレクト方式ガス化改質炉にて産業廃棄物処理を行っており，2001 年度にガス化再商品化事業に認定され，おもに工業用燃料の目的でガス販売している。収率は 60 ～ 65 ％であるが，比較的異物や塩化ビニルの影響は少ないといわれている。

　つぎに，家電製品に使用されるプラスチックは各製品とも数 10 ％あり，増加傾向にある。また，使われ方も種類は少なく単一種が多いので，マテリアルリサイクルの可能性がある。家電プラスチックをマテリアルリサイクルするポ

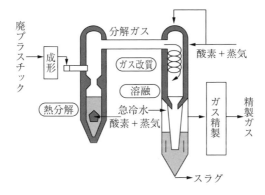

図 5.6 EUP プロセス

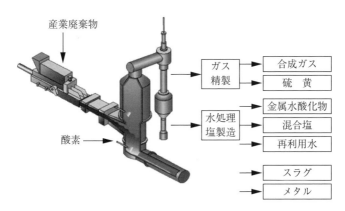

図 5.7 サーモセレクトプロセス

イントは，低コスト化のためにいかに単位操作を簡略できるかである。その代表的な例は以下の 3 点である[37]。

（a）選　　別　　基本的に五感（目，耳など）。材質判別機（赤外線法など，300 ～ 1 000 万円）は高くて全能ではない。

（b）破　　砕　　破砕は 2 段階（本体 → 10 cm → 1 cm）で，1 段目の破砕機ギロチン式で可能であるが，2 段目は異物混入防止のために専用破砕機が必要である。ただし，中古品で十分である。

（c）洗　　浄　　家電プラスチックの高級化には洗浄が必要であり，湿式より安い乾式洗浄がある。

また，2 ～ 3 年以内にリサイクル率が 80 ～ 90 ％ に強化され，廃プラスチックのリサイクルが必須となることが予想されており，家電メーカーの動きは高まっている。以下にその例を示す。

（a） TV キャビネットから TV キャビネットへのリサイクル　　PS 製 TV バックキャビネットを選別破砕洗浄調質リペレットした再生材の物性値から，洗浄することにより衝撃値は回復し，再製材はバージン現行材とほとんど変わらなくなる。これで成型した TV キャビネットも落下試験など問題なく実用可能との判断から，テレビメーカー，材料メーカー，再商品化工場の 3 者で閉じたリサイクルループを構築した。

（b） 冷蔵庫野菜箱から洗濯機台板へのリサイクル　　簡単に回収できる冷蔵庫野菜箱を破砕洗浄リペレットした再生材の物性値から，未洗浄でも物性低

◆ ティータイム ◆

日本のプラスチックリサイクル状況

　2019 年の廃プラスチックの利用量はマテリアルリサイクル計 186 万 t，ケミカルリサイクル計 27 万 t，サーマルリサイクル（エネルギー回収）計 513 万 t で，これらを合わせた"有効利用量"は 726 万 t であった。一方，単純焼却処理，埋立処分による"未利用量"はそれぞれ 70 万 t，54 万 t であった。なお有効利用量を"廃プラスチック総排出量"で割った"有効利用率"は 85 ％で，その内訳としてはマテリアルリサイクル，ケミカルリサイクル，サーマルリサイクルがそれぞれ 22 ％，3 ％，60 ％となっており，有効利用率は年々上昇し，直近 10 年で 10 ポイント増加した。そのおもな理由は，サーマルリサイクル利用量の増加である。2000 年に容器包装リサイクル法が完全施行され，家庭から排出される廃プラスチックのマテリアルリサイクル利用が大いに促進されたが，近年はプラスチック製品の機能化，多様化が進み，プラスチックを複合化して使用するケースが増えたことでマテリアルリサイクルが難しく，また得られる再生製品には製品寿命が総じて長い土木建築関連用途が多いために買い替えの需要に乏しいこと，製品の市場規模が拡大してこなかったことから，2009 年以降，マテリアルリサイクルの利用は進んでいない。一方，埋立処分場の逼迫，あるいは廃棄物を処理することから資源として有効利用することへと考え方の転換が進んだことで，埋立処分に代わってサーマルリサイクルの利用，特に固形燃料（RPF）化，セメント原・燃料化利用が伸びてきている。

下はない。洗浄すれば，成型品表面の微細異物も減少する。台板への実用化が始まっている。

5.2.2　廃タイヤのリサイクル

　廃タイヤをはじめ，電力会社などで搬送用に使用されるベルトコンベア等の産業廃棄物として排出される使用済みゴムのリサイクルとしては，これまで大半がセメント工場などのエネルギー源として燃焼し，熱利用されてきた。しかし，最近のセメント業界の低迷により，エネルギー源としての需要先確保難の問題やダイオキシン対策，貴重なゴム資源消滅の防止，さらには焼却残渣による埋立地周辺の重金属類による汚染なども危惧されるため，マテリアルリサイクルへの転換が重要な課題となっていた。マテリアルリサイクルは，需要の不安定，コスト高，市場の小ささ等の問題が存在するため，これまでなかなか普及しなかった。

　富山県，および石川県，福井県，新潟県など，周辺地域から排出される廃タイヤや産業用機械などの使用済みゴムを回収し，一次破砕，二次破砕，三次破砕という工程を通じて，1〜5 mm のゴムチップを製造し，これに着色し，カラーチップ化することも可能である。富山市エコタウン団地[39]内にある株式会社リックスを中心に地元企業で事業主体を設立した。処理廃棄物の種類（2005 年度）は，カット品：12 000 t/年，廃ゴム：300 t/年，廃タイヤ：3 000 t/年で，リサイクル製品およびその用途（2005 年度）は，カラーチップ：104 t/年（用途，プラスチック原料），ゴムチップ（黒）：300 t/年〔用途，燃料用（A 重油として外販および自家燃用）〕，ボイラ　用燃料ほかである。リサイクル品の特徴として，黒ゴムチップサイズは 1〜3 mm，3〜5 mm，カラーゴムチップは 1〜3 mm サイズとし，ゴムマット，ゴムブロックとしてスポーツ施設等への普及を図る。また，30 mm 以下，50 mm 以下，25 cm 以下の粗粉砕のものもリサイクル可能であり，これらは焼却用燃料，路盤材として使用される。高速回転衝撃摩擦方式で用いるプラスチック混合溶融機は，溶解温度が異なる複数の材料を比重差衝撃自発熱で混合溶融，プレス加工できるため製造効率の

アップとコスト削減のほか，膨大な資源の再利用ができる。当面，**図5.8**に示すカラーゴムチップ1〜3mm，3〜5mmサイズを利用し，**図5.9**に示すゴムマット，ゴムブロックとして福祉資材，畜産業等への普及を図る。

図5.8　カラーゴムチップ

図5.9　高速回転衝撃摩擦方式にて製造したゴムマット

5.2.3　コンクリート廃材のリサイクル

　三菱マテリアルはコンクリートの廃材からJIS製品と同等の高品質な骨材を回収するという画期的なリサイクルシステムの開発に成功した。数年前に，原子力発電所の解体時に発生する50万tものコンクリート廃材が問題となった際に，資源循環型のリサイクル技術として電力会社に研究開発の提案をしたのがそもそもの始まりで，その後，基礎的な材料評価は財団法人原子力発電技術機構（NUPEC）の下で行い，設備開発は新エネルギー・産業技術総合開発機構（NEDO）の補助事業等を通じて進めてきた。

　建築現場などから発生したコンクリート廃材を，5cmぐらいの大きさの塊に砕き，この塊を加熱装置で約300℃に加熱する。コンクリートは，砂利と砂を

セメントペーストで固め，ペースト中にセメント水和物が生成することにより
強度が出る。加熱するとセメント水和物から水が抜け，水和物が分解されるた
め脆くなる。また，加熱によりセメントペーストは収縮するが，中に入ってい
る砂利は熱で膨張するため，接着界面に大きな歪みが生じ，マイクロクラック
が発生する。このようにしてコンクリートは加熱すると脆弱化する。加熱処理
するときの 300℃ という温度がキーで，575℃ 以上になると石英の結晶構造が
変わり，砂利そのものがダメージを受ける。もちろんこれより低くてもそれな
りの効果はあるが，**図 5.10** に示すように一番効率的な温度は 300℃ である。

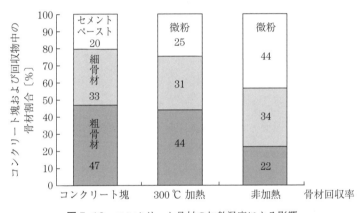

図 5.10　コンクリート骨材の加熱温度による影響

　加熱した後は，砂利や砂を壊さない程度の力で，すりもみして，砂利の表面
についているペーストを除去する。粗骨材回収装置では，5 mm のメッシュを
施した内筒のなかで鉄の球を使ってすりもみ処理を行うことで，5 mm 以上の
粗骨材を分離・回収することができる。細骨材回収装置では，鉄球の代わりに
回収された粗骨材を使ってすりもみ処理を行い 5 mm 以下の細骨材を回収す
る。その結果，建築構造物に用いるコンクリートの素材としてまったく問題の
ない，非常に高品質の粗骨材，細骨材の回収に成功し，天然の骨材とほぼ同等
で，粗骨材と同時に微粉を回収できるが，この微粉の比表面積はセメントのそ
れの 2 倍以上で，超微粉といえる。吸水性に優れているので，土壌改良剤等用
途も広い。また，従来のセメントは石灰石（$CaCO_3$）を原料としていたため，

製造過程で大量の二酸化炭素を放出していた。しかし，この超微粉は，二酸化炭素を含まない酸化カルシウム（CaO）なので，この微粉を原料に使えば二酸化炭素の排出を大幅に抑制することができる。研究所では，1バッチ5kgの処理能力であったが，その後，連続運転で1時間300kgの処理能力にスケールアップした原型プラントを開発し，現在，時間当り約6tの処理能力である。定置式のプラント処理能力として時間当り30tは必要と考えており，現在設計中で，4階建てアパートのコンクリート廃材を処理するのに約1週間かかる。

1998年から始めた北九州黒崎での回収試験と千葉市生浜での移設試験でNEDOの実証試験は終了した。現在は，副産する微粉の高付加価値化に開発の主眼を置いて，事業化段階に入っている。実用化の課題は，再生骨材がどんなに品質が良くてもJIS品とは認められず，建築基準法では，コンクリートに使用するには大臣認定という手続きを踏む必要がある。ほかのリサイクルでも同じ問題を抱えているが，すべての制度がリサイクルを想定してつくられたものでない。積極的に循環型のリサイクルに取り組み，早期の事業化を目指している。

現在，市場で骨材を購入するとなると，1t当り2 000円から3 000円程度で，この価格ではとうていリサイクル費用はまかなえないので，コンクリート廃材の排出者から処理料金をもらい，骨材は普通骨材の市場価格で提供している。建設資材リサイクル法が施行されると，解体物を適正に処理するだけでなく，どう処理するかを明示しなければならず，いまの発生量でも路盤材だけでは吸収しきれない。建設業界としても，もっとも需要が大きいコンクリート構造物の循環リサイクルを真剣に検討している。

5.2.4　有機性廃棄物のリサイクル

有機性廃棄物のコンポスト化は循環型社会の構築には最適の処理方法である。なぜなら，コンポスト化は廃棄物の適正処理を目指すだけでなく，廃棄物の資源化が最大目標であるからである。有機性廃棄物のゼロエミッション化には必要不可欠な技術といえる。コンポスト化技術は昔から存在する技術ではあ

るが，社会の情勢を受けやすく，脚光を浴びたり，社会の陰でひっそりとすることを繰り返してきた。しかし，素晴らしい技術はいつの時代も忘れ去られることはなく，その技術の改良に多くの人たちが挑戦してきた。

コンポストは肥料という意味であり，コンポスト化は肥料化という意味である。前者はコンポスト化から生産される製品を示しており，後者は技術の名称である。コンポスト化方式には大きく分けて2通りある。屋外方式とリアクター方式であり，前者は従来法で，後者はコンポストを完全制御するような方式で，高度な技術が要求される[40]。

屋外方式の代表的なものとして野積み型や静置堆積型がある。野積み型は，ある程度まとまった敷地面積を要し，定期的に機械や重機のローダー等による切り返しをし，パイル（堆積物）内に空気を供給する。コンポスト化終了までには数か月という長期間がかかる。静置堆積型は最も単純なコンポスト化方法であり，置いておくだけの方式である。臭いの拡散防止のために反応が終了したコンポストでパイル表面を覆うこともある。この方式は基本的に単純な構造であるため，プラント維持費は比較的低い。コンポスト化処理終了には約数か月要する。野積み型同様，システム全体を建物で覆っているところもある。

リアクター方式はリアクターを運転するために高度な技術が要求される。現在までに，ロータリーキルン式，サイロ式，多段式，トンネル式，また移動型トレーラー方式など，さまざまな方式が実用化されてきた。温度，水分量，送気量等を制御しやすいため処理時間の短縮が可能である。

コンポスト化とは，微生物により有機物を分解・安定化し，コンポストを生産する工程をいう。一般的に，コンポスト化は好気性の微生物によって行われる。嫌気性微生物でも目的は達成できるが，有機物を分解する時間が好気性微生物に比べて非常に緩慢であるため，好気性の条件でのコンポスト化が好まれる。有機物分解による反応熱によりパイル内温度が高温（60～70℃付近）に達する。この変化に伴って，反応初期は中温菌（室温～45℃付近）が優勢であるが，やがて高温菌（45～60ないしは70℃）が優勢になる。この中温菌から高温菌の遷移時期に酸素消費が増大し，易分解性である炭水化物，脂肪，タン

パク質等が酸化分解されていく。

コンポスト化は運転者によって工夫されているものもあり，それぞれの条件に適したコンポスト化の方法が取られている。**図5.11**にコンポスト化プロセスの一例を示す。有機性廃棄物は泥状，固形状等である。固形状のものは微生物との接触を最大限にするために細かく砕かなければならない。粉砕された固形状の有機性廃棄物や泥状の有機性廃棄物は反応が終了したコンポスト製品と混合する。この反応が終了したコンポスト製品が雑菌になる。有機廃棄物と雑菌の混合工程はコンポスト化にとって最も重要な工程である[41]。

［ティータイム］

メタン発酵

メタン発酵は，排水処理の技術の一つとして日本では古くから利用されている。特に，メタン発酵ガスは，消化槽の加温や場内熱源として利用されてきた。最近では，ガスエンジンや燃料電池の燃料として利用されている。排水処理以外には，生ごみや家畜糞尿を原料としたメタン発酵によるバイオマス発電システムがあり，メタン発酵は，処理温度により中温（約37℃），および高温（約55℃）の2種類に分類され，発酵を行う固形物の濃度により湿式（〜10％），および乾式（25〜40％）に分かれる[42]。

① サッポロビール千葉工場　ビール工場高濃度排水の嫌気性処理から得られたバイオガスを利用して200 kW クラスのリン酸型燃料電池による発電と熱供給を行っている。同様の試みがキリンビール栃木工場においても報告されている。

② 京都府八木町　650 頭の乳牛の糞尿（32.5 t/日），1 500 頭の豚の糞尿（8.1 t/日），おから（5 t/日）等を固形分濃度約10 ％ に調整して2 100 m³ 消化槽でメタン発酵を行う。メタンガスを65 ％ 含む消化ガス約2 000 m³/日は，70 kW クラスのガスエンジンを2 台で134 kW の発電を行い，周辺への熱供給も行う。メタン発酵残渣は，肉牛の糞尿と混ぜて堆肥化する。

③ 千葉市エコロジーパーク食品リサイクル事業　JFE グループでは燃料ガス（バイオガス）として回収できるビガダン社のメタン発酵技術を2001 年2 月に技術導入，本技術は有機性廃棄物を加熱衛生化処理した後，消化槽にて発酵処理することによって，メタンが主成分の燃料ガスを生成するものであり，ヨーロッパにおいては実証済みですでに確立されたものである。ジャパンリサイクルが事業主体となり，処理能力30 t/日のメタン発酵設備を建設し，処理受託した食品廃棄物から燃料ガスを製造し，製鉄所に燃料として販売している。

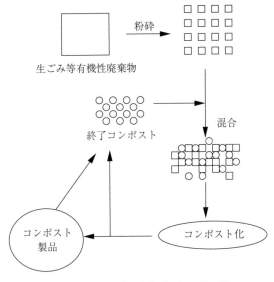

図 5.11　コンポスト化プロセスの一例

コンポスト化により，有機性廃棄物は**図 5.12** に示すように液体，気体，固体の三つの状態に変換される。すなわち，液体は有機物の分解に伴って生成される水と初めから廃棄物に含有されている水のことである。有機物の酸化分解により水が生成され，その水は廃棄物に含まれる水とともに熱により蒸発する。それら蒸発した水は温度の低下とともに液体の水へと変わる。これらの水

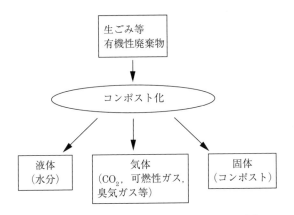

図 5.12　有機性廃棄物のコンポスト化による変換

は有機酸やアンモニア等を当然含んでいるため，できるだけ大気中に拡散させることなく回収することが正しいといえる。そのように環境への直接放出を避けることで，土壌・河川汚染を防止しなければならない。回収された水分は利用の仕方しだいでは，窒素分等の含有率が高いために，液肥として利用できる。気体は臭気に代表されるガスである。有機物は分解されると，水のほかに，二酸化炭素やアンモニア等のガス（気体）になる。硫化水素や各種の有機酸も生成される。これらアンモニアや硫化水素，有機酸等はコンポスト化処理において最大の問題である臭気の主原因である。臭気対策技術としては，活性炭処理のような物理的手法，製品となったコンポストによる吸着法などの微生物手法などが存在する。固体はコンポスト自体である。生産されたコンポストは，食品残渣等の有機性廃棄物ならば問題なくコンポスト化による資源化することができるが，不純物が混じっているような汚泥の場合は土壌への還元ができなくなる。特に，重金属類や難分解性の有機廃棄物が汚泥に混ざってしまうと廃棄物の資源化の目標は達成できない。

5.3　焼却と適正処理

5.3.1　焼却理論と焼却施設

　ごみ焼却炉形式については環境省の「ごみ処理施設構造指針」にその分類が示されており，燃焼様式により連続燃焼式とバッチ燃焼式がある。現在，おもに採用されている燃焼炉形式としては火格子式（ストーカ式）焼却炉が 70 %，流動床式焼却炉が 30 % となっており，ほかには回転式（キルン式）焼却炉がある。その基本システムは大きく，受け入れ設備，前処理設備，燃焼設備，廃熱ボイラー，発電設備，排ガス処理，排水処理などで構成されているが，公害防止条件や余熱利用の考え方によって大きく異なる。

　ストーカ炉は小型炉から大型炉まであらゆる炉に用いられており，焼却炉の主流であり，最も歴史が古く，また施設数も多い。各社は火格子の形状，材質，構造について研究と実績を重ね，それぞれに特徴がある。炉形式としてはベル

トコンベアのように火床全体が動く移動床式と階段状に配置された火格子が前後動を行う階段式とに分けられ，後者は国内でも 600 t/日の大型炉が稼働している。特徴は火格子の耐久性（耐熱，耐摩耗）と燃焼空気の適切な配分にある。

　流動床炉は炉内にある高温流動媒体（砂）を押し込み空気で攪拌し，ごみを浮遊燃焼させるものである。元来が粉体など均質，軽量の物に適するとされ，ごみなど不均質の物には不向きとされていた。しかし，約30年前から開発・実用化され，現在では 200 t/日クラスの炉が稼働している。炉内に稼働部がなく，起動時間が短いなどの特徴がある。一方，ごみの定量供給が難しく，そのため燃焼が間欠的になりやすく，燃焼制御に工夫が必要である。補集灰の発生が多く，集じん機の負荷が大きい。

　回転式燃焼設備は別名，ロータリーキルンとも呼ぶ。耐火物を内張りした円筒状の横型炉で，傾斜と回転により廃棄物を移動させ，乾燥・着火・燃焼させる。ごみと空気との混合が不十分であるが，適用対象が広いので，産業廃棄物処理炉としてよく用いられる。都市ごみでの使用実績は少ない。

　一般に，廃棄物のような含水固形物が燃焼する場合，固形物表面の水分が蒸発，固形物内部の水分が蒸発（有機物の熱分解を含む），固形物の可燃分が燃焼し着火，継続燃焼，固定炭素の表面燃焼，燃焼終了というプロセスをたどる。

　これらのプロセス中，着火に至るまでが乾燥工程，それ以降が燃焼工程になる。含水固形物を効率良く焼却させるには，乾燥速度および燃焼速度を速くすればよい。このような燃焼理論において，ごみの3成分（水分，可燃分，灰分）からごみのおおまかな性状を把握できる。図 5.13 に生ごみの構成と発熱量の表示法を示す。

　ごみ中の水分は厨芥などに含まれる固有水分や付着水分によるものである。水分が多いとごみの低位発熱量が低下し，燃焼を妨げる要因になる。ごみ中の可燃分は水分，灰分を除いた燃焼反応を起こす成分で，その組成は炭素，水素，酸素，窒素，硫黄，塩素などの元素成分である。ごみ中の灰分は可燃物に含まれる固有の灰分と不燃物（缶，瓶など）の合計である。ごみの3成分中，可燃分の発熱量が同じでも，水分や灰分の含有率が異なれば発熱量は変化する。ご

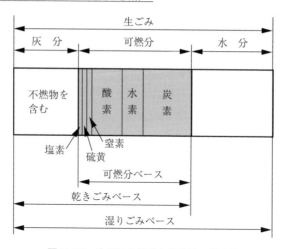

図5.13 生ごみの構成と発熱量の表示法

みの発熱量の表示方法には湿りごみベース，乾きごみベース，可燃分ベースなどがあるが，一般的には湿りごみベースを基準としている。焼却炉の設計をする際，計画目標年次の処理規模（1人1日の排出量，計画収集人口などから算出）と稼働後7年目の計画ごみ質（低質，基準，高質ごみの3成分，低位発熱量，元素組成，見掛比重）を予測することが必要となる。ほかにもごみの粒度（流動床式）や灰の溶融に関する質データも必要である[35]。

5.3.2 ダイオキシン対策と熱回収

最近の焼却炉の変化を特徴付けるものとしてダイオキシンの低減，補集灰中の重金属の無害化とエネルギーの有効利用がある。ダイオキシンは各種廃棄物の焼却，鉄鋼・非鉄金属精錬等の熱反応や除草剤・農薬を化学反応により生成するときに不純物として生成され，日本における年間排出量は約 $3\,900 \sim 5\,300$ g-TEQ/年であり，このうち，燃焼工程からの排出が大半を占める。また，主要な発生源の排出割合は，都市ごみ焼却炉が約 80 %，産廃焼却炉が約 10 %，金属精錬工場が約 5 % であり，大半がごみ焼却により発生している。都市ごみのうち，プラスチックの塩素は約 4 % で最も高く，ごみ焼却における塩化水素生成に関わる揮発性塩素の寄与率が，塩化ビニル系プラスチック類が 75 % で，

各組成物では第1位であった。厨芥にも食塩として1％未満塩素化合物が含まれており，新聞や塩化ビニル以外のプラスチックとの混焼で，ダイオキシン類が発生する。代表的なダイオキシンの生成パターンを**図5.14**に示す。農薬のDDTや塩化ビニルなどの塩素化合物が燃焼することで，ベンゼン核が生成し，そこに塩素が結合して塩化ベンゼンとなる。塩化ベンゼンを二つの酸素が結び付ければ，ダイオキシンとなり，一つの酸素が結び付けば，ジベンゾフランとなる。塩化ベンゼンどうしが結合すればPCBとなり，そこに酸素が結合すれば，ジベンゾフランとなる。酸化とは酸素の結合，すなわち燃焼であり，これらの化学反応は燃焼によりどんどん進むことが知られている[43]。

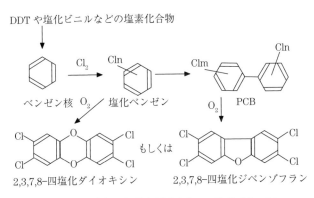

図5.14 焼却におけるダイオキシン生成パターン

　ごみ焼却におけるダイオキシン類の発生は，安定した完全燃焼によってダイオキシン類や前駆体を高温分解することで抑制できる。そのため，焼却炉内で燃焼ガス温度を高温に維持すること，燃焼ガスの滞留時間を十分に確保すること，燃焼ガス中の未燃ガスと燃焼空気との混合攪拌を行うことが重要である。新ガイドラインでは，新設炉に対し，燃焼温度850℃以上（900℃以上が望ましい），滞留時間2秒以上，かつ炉形式や二次空気の供給方法を考慮することにより，効率的な燃焼ガスの攪拌を行い，完全燃焼を達成するよう定めている。ごみを安定燃焼させるために，ごみの攪拌，定量供給，適正負荷運転も重要なことであり，ごみの供給，ごみピット内のレベル調整，ごみの積替え，ごみの

混合攪拌を自動的に行うごみクレーン自動運転，ボイラー蒸発量，ごみ処理量，排ガス中酸素濃度などを自動的に制御する自動燃焼制御装置が実用化されている。ダイオキシン再合成（デノボ合成反応）の防止に対しては燃焼ガスの急速冷却（冷却空気の混合，水噴射による直接冷却など）と低温化（エコノマイザーの設置，空気式ガス冷却器など）が有効である[44]。

図5.15に代表的な焼却炉の排ガス処理システムを示す。排ガス処理は，ばいじん除去と酸性ガス（HCl，NO_x，SO_x）の低減に分かれ，消石灰，生石灰を吹込む乾式排ガス処理とバグフィルター（BF）を組み合わせた方式とばいじんを電気集じん機（EP）で除去し，酸性ガスをカセイソーダにより中和する湿式排ガス処理が知られている。バグフィルター，サイクロンなどでは，ダイオキシン類だけでなく，重金属類や酸性ガスの除去により，多くの補集灰（飛灰）が回収される。バグフィルターは，電気集じん機より集じん効率が高く，ダイオキシンの再合成の心配もない。集じん効率は200℃以下で約90％以上となり，さらに活性炭や活性コークスの吹込み，活性炭吸着塔により排ガス中のダイオキシン類だけでなく，重金属や未規制の微量有害物質も同時に97〜98％の高い除去率が達成される。脱硝触媒（酸化触媒など）にはダイオキシン類の分解除去能力があり，排ガス処理設備の最後部に設置されることもある。

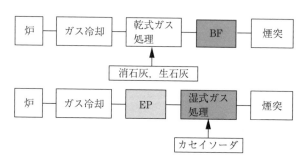

図5.15 焼却炉の排ガス処理システム

エネルギーの有効利用の観点から，ごみの持っているエネルギーを最大限活用するために，ごみ焼却施設のボイラーが重要な設備として評価されている。中小型炉では，ボイラーで回収する熱エネルギーが少なく，発生する蒸気量が

少ないため，排ガス冷却は水噴射との併用が多く，発生熱量は温水により回収される。これに対して大型炉では，廃熱ボイラーを設置し，かつ節炭器や過熱器を設けて，回収効率を高めてごみ発電を行っている施設が多い。ボイラー設備を構成する機器はボイラーと熱交換器，給水設備で構成されているが，効率よく電力を発生させるため，ボイラー設備の構成も，一般の火力発電所と同様の機器で構成されている。

BTG（ボイラー，タービン，発電機）設備は熱サイクルであり，蒸気を作動流体として構成するランキンサイクルである。主要機器はごみの燃焼熱を吸収し，圧力・温度の高い蒸気を発生するボイラーおよび過熱器，蒸気の持つエネルギーを動力に置き換える蒸気タービン，タービンに駆動されて電力を発生する発電機，蒸気タービンから出る低圧の蒸気を再び水に戻す復水器がある。

ボイラーより高圧蒸気を直接復水にする高圧復水器とタービン排気を復水に戻す低圧復水器が用いられる。発電装置のない施設では高圧復水器を設けるが，蒸気タービンによる発電設備を有する施設では低圧復水器を設ける。蒸気の復水には多量の冷却水を必要としない空冷式復水器が用いられる傾向にある。

ボイラーを長期間良好な状態に保つためには，ボイラーの水管理が大切になる。そのための設備として給水前処理設備，給水処理設備，復水処理設備などがある。給水前処理設備には純水装置，脱気器などがあり，給水処理設備には連続ブロー装置，薬液注入装置などがある。復水処理設備にはドレンフィルター，ドレンポリシャーなどがある。これらを使用することにより，ボイラーの内面腐食やスケール付着による伝熱障害や蒸気タービンでのスケール付着などを防止する。

5.3.3　焼却灰の溶融固化とセメント固化

ごみ焼却処理に伴い，ストーカ式焼却炉では炉底から排出される焼却灰（主灰）と集じん機で補集される飛灰が，流動床式焼却炉では飛灰と焼却残渣が適正処分（ダイオキシンの分解，重金属溶出防止の義務付け）され，灰中の重金属が無害化され，資源化されている。最終処分場の逼迫対策として，**表5.3**に

表5.3 代表的な焼却灰の資源化技術

技術の種類	技術名	性能・効果	対象物質
固化処理	セメント固化	固化による物理的捕捉 高 pH による自己固体化	重金属類 難溶性化学物質
	溶融固化	溶融固化による結晶化 高熱による分解	重金属類 微量性有害化学物質
加熱分解 化学処理	薬剤処理	キレートによる重金属捕捉 不溶性重金属化合物	重金属
	促進エージング	二酸化炭素による中和 炭酸塩による不溶化	重金属

示す代表的な焼却灰や飛灰の資源化技術は知られている[45]。溶融固化とは，油や電気により，焼却灰，飛灰を単独もしくは混合し，$1\,250 \sim 1\,450$℃，あるいはそれ以上に高温に加熱して灰をスラグ化する。スラグは路盤材，コンクリート用骨材などに有効利用される。高温処理により，ダイオキシン類は分解され，無害化される。セメント固化処理では，セメント中のケイ酸カルシウムなどが水と結合して水和物の結晶を生じ，硬化する際，重金属類が吸着・固化される。装置が簡単で，コストも安く，エネルギー消費が少ない反面，ばいじん中の重金属が多く，pH12 以上では鉛などの溶出の可能性もあり，セメントを $10 \sim 20$ ％添加するので減量化にはならない。薬剤処理ではばいじん中に少量の重金属補集剤，凝集剤，抑制剤などと水を加え，十分混合して重金属の溶出

ティータイム

焼却灰のバイオリーチング

　バイオリーチングは微生物を用いて鉱山等の低品位の鉱物から金属を回収する方法であり，いまでは工業的に確立した技術で，世界中で広く応用されている。このバイオリーチングは紀元前からすでに用いられていた技術であり，そのころからすでにこの方法で金属の回収が行われていた。しかし，この方法には「微生物が深く関わっている」とそのメカニズムを科学的にとらえられるようになったのはつい最近のことである。それまでは，理由はわからないが，それまで行われてきたことを踏襲していたにすぎない。この技術を応用して，焼却灰に含有されている重金属類を回収しようとする研究も行われており，これまでの結果から Cd, Cu などが効率よく回収されることがわかっている。

を防止する。液体キレートが1〜5％添加使用されるが、薬品が高価であるため、セメント固化との併用などの安価な方法が開発されている。酸抽出処理とは、ばいじん中の重金属などの溶出防止を目的とし、ばいじんを塩酸、硫酸などの酸を注入した水溶液に懸濁させ、重金属類を溶液側に溶出させた後、薬品を注入し、水酸化物、硫化物などの不溶化物を生成させる。重金属捕集剤を注入し、沈降分離した後、脱水処理する。装置は複雑だが、より安定化が図れ、塩の抽出、回収ができる。加熱脱塩処理とは、還元雰囲気において、ダイオキシン類に含まれる塩素が水素と置換し、脱塩素化する反応を利用したもので、還元雰囲気または低酸素雰囲気においてばいじんを350〜550℃に加熱保持することで、ダイオキシン類が95％以上分解され、急速冷却により再合成を防止する。

5.4 エネルギーとしての利用

5.4.1 ガス化溶融技術と新しい発電利用

図5.16に示した熱分解ガス化溶融はごみを約500℃で熱分解し、熱分解ガスと固定炭素（チャー）を含んだ無機物に分離し、熱分解ガスと固定炭素の燃焼熱を利用して無機物を溶融し、スラグ化する方式で、基本的には外部エネルギーが不要である[46]。熱分解ガスは完全燃焼され、燃焼によって得られる高温排ガスからは、熱回収が可能で、通常は廃熱ボイラーによる蒸気回収を行って

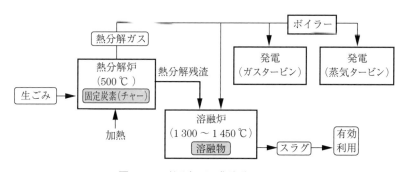

図5.16 熱分解ガス化溶融システム

発電などによってエネルギーの有効利用が行われる。排ガスには，ばいじんや硫黄酸化物，塩化水素，窒素酸化物などの酸性ガスが含まれるので排ガス処理が必要であり，そのためにも炉から排出される高温排ガスを冷却する必要がある。廃熱ボイラーの設置は，熱回収とともにガスの冷却という役割も果たしている。

　ほかにもドイツで開発された熱分解ガスを酸素により高温分解し，ガス改質・洗浄によりクリーンな合成ガスを回収する方式がある。補助燃料，酸素源が必要なため，外部エネルギーが必要となるが，空気を必要としないため，浄化を必要とするガス量が少ない。このため，プラントはコンパクトであり，ガスの急冷洗浄のため，無酸素で高温分解された合成ガスはダイオキシンの再合成もなく，脱硫処理程度の軽微な排ガス処理設備で対応できる。クリーンな合成ガスを発電用燃料として使用する場合，ガスエンジン発電，燃料電池発電等の中から設備規模や立地条件に適合した最適な発電方式が選択できる。

　都市ごみからのガス化溶融炉の開発は，海外では約 40 年前にアメリカ EPA（環境保護庁）の各種の資源化プロジェクトに組み込まれて行われた。また，国内では，経済産業省の大型プロジェクト「資源再生利用技術システム開発」の主要テーマの一つに挙げられたほか，民間企業においても独自に開発が進められてきた経緯がある。最近のガス化溶融炉は，廃棄物研究財団の次世代技術として評価されたものや，民間会社が独自に開発しているものがあり，国内の 20数社が建設・運転を行っている。

　（1）ガ ス 化　　ガス化方式はガス燃焼式とガス改質式があり，**図5.17** に示すガス燃焼方式としては，流動床式，シャフト式，キルン式などがある[47]。

　流動床式（分離式）は流動床式ガス化炉でごみを熱分解し，旋回燃焼式溶融炉にて空気比 1.3 以下の高温燃焼を行い，灰の自己熱溶融，低ダイオキシン，高効率熱回収を実現する。産業廃棄物中間処理施設として実績もある。

　シャフト式（一体式）は炉上部からごみとともに，コークスおよび石灰石を投入する。炉上部の乾燥・予熱帯では水分が蒸発し，つぎの熱分解帯において

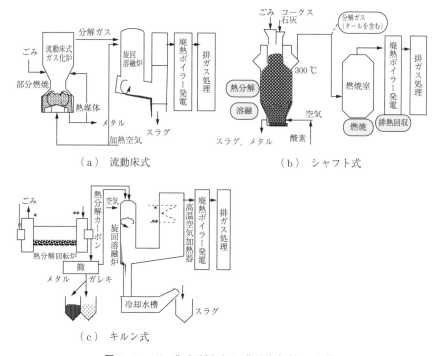

図5.17 ガス化溶融炉（ガス化燃焼方式）の比較

可燃物が熱分解され，この熱分解ガスは炉上部から排出され，燃焼室で完全燃焼される。熱分解されずに残った灰分と不燃物はコークスとともに燃焼・溶融帯へ降下し，コークスの空気燃焼（空気比2.0）により高温高熱を発し，灰分と不燃物が完全溶融される。自治体での稼働件数も多く，一部の自治体では埋立てごみの処理も行っている。ほかにも，フロン分解処理など，産業廃棄物処理にも対応できる。

　キルン式（分離式）はごみを1時間かけてゆっくり熱分解し，ガスとカーボンという，より安定した燃料に改質する。シーメンス方式とも呼ばれ，都市ごみのほかに，産業廃棄物，汚泥，焼却灰，粗大破砕物などの処理ができる。熱分解残渣は空気比1.3の高温燃焼溶融炉（旋回式）によりスラグとなる。

　図5.18に示すガス化改質炉は熱分解ガスの一部を燃焼して高温とし，ガスに含まれるベンゼン核等の低分子を，一酸化炭素や水素等を主成分とするガス

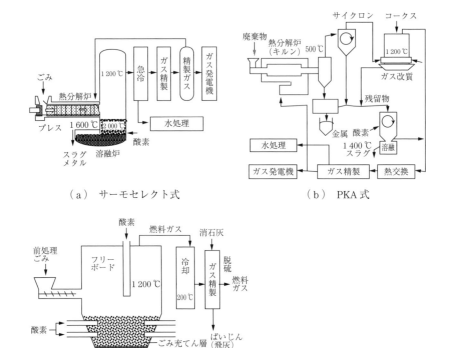

図5.18 ガス化溶融炉（ガス化改質方式）の比較

に改質する。改質後，除去設備で硫黄化合物，塩素化合物，ばいじん等を分離し，精製合成ガスとして工業用燃料やメタノール，アンモニア合成に利用される。なお，ガス改質後にガスをおおむね200℃以下に冷却し，ダイオキシンの発生を防止する。おおむね，以下の3方式が知られている。

　サーモセレクト式（一体型）はごみを圧縮して600℃で間接加熱し，溶融炉下部へ純酸素を吹き込んで溶融物と合成ガスに分離する。熱分解ガスは1 200℃でガス改質し，精製合成ガスとして回収する。有害物を再利用副産物に転換し，飛灰を出さない。ガス冷却は急冷式でダイオキシンの再合成を防止する。ごみの事前破砕は不要で，合成ガスは製鉄所の工業燃料，ガスエンジン発電等で利用が可能である。

　PKA式（分離型）は低温熱分解（500 ～ 600℃），高温ガス改質（1 000℃ 以上），独立溶融工程によりダイオキシン等の有害物質の発生を抑制しつつ，廃棄物を減容化し，エネルギー（クリーンガス，熱分解チャー）を有効に再利用できる。各機器が独立したユニット構成で，フレキシブルなシステム構成ができ，多様な廃棄物処理に対応できる。

　転炉式は事前破砕・乾燥したごみの熱分解と灰分の溶融を筒状の縦型炉内で同時に行う。90 ％以上の高濃度酸素を上吹ランス，横吹ランスから吹き込み，助燃材としてのコークスが不要，生成合成ガスのカロリーアップを図る。急冷減温塔により合成ガスは，1 000℃ から200℃ 以下へ瞬時に冷却し，ガス洗浄後，エネルギーガスを回収する。

　このようにガス化溶融炉は実証プラントの運転を経て，実機の建設・運転の段階に入っており，廃棄物研究財団や全国都市清掃会議において，技術評価ならびに技術検証・確認事業が実施された。技術評価の項目は中間処理，環境保全，再資源化，総合機能，安全，維持管理，経済性の7項目であり，これらのうち，総合機能性については，安定稼働，施設規模の拡大，システムの簡素化，実用化（開発経緯，納入先）等が挙げられる。

　（2）**ガス発電**　回収した合成ガスのうち，水素と一酸化炭素は通常燃料として用いられ，燃焼排ガス中に HCl, SO_x 等の有害物質はほとんど発生せず，NO_x の発生も抑制できる。発電用燃料として使用する場合，ボイラー・タービン，ガスエンジン，燃料電池等の中から，設備規模や立地条件に適した発電方式を選択できる。ガスエンジンは設備規模にかかわらず選択が可能である。ごみ処理量300 t／日以下の中小規模設備では燃料電池の選択が可能で，NO_x もほとんど発生せず，環境への影響は極限まで低減できる。600 t／日以上の規模では，ボイラー・タービンの選択が有利になる。

　ガスエンジンは現在，天然ガス，バイオガス等で利用されており，発電効率が高く，コージェネレーションシステムで採用されている。エンジン本体の排気ガスから蒸気を回収し，冷却水から温水回収することにより高い熱効率が得られる。回収ガスはエンジンがノッキングを起こしやすい水素の含有量が多

く，メタン価は 30 程度で，かつ水素濃度がごみ質や処理量の変動の影響を大きく受けるため，ガスエンジンにとっては天然ガスと比較して制御しづらいといわれているが，試験研究設備として 2 000 kW クラスの大型ガスエンジンが JFE スチール千葉地区内で 2001 年度から稼働中で，NEDO 実用化試験研究を 2003 年に終了した。2005 年度から長崎県，愛媛県，青森県などの自治体で実機が稼働している[48]。

　内燃機関型発電機の場合，1 000 kW クラスのガスエンジンで発電効率が 36 % 程度，1 000 ～数千 kW クラスのガスタービンで 30 % 弱であるのに対し，リン酸型燃料電池では数十 kW クラスでも 40 % 以上の発電効率が得られる。また，内燃機関では一般に部分負荷での効率低下が見られるが，燃料電池の場合，25 % 負荷までの定格点での効率が維持できる特性がある。精製合成ガスを用いた燃料電池は CO 改質器，電池本体，直流交流変換装置の三つの主要部分で構成されている。合成ガス中の一酸化炭素を水蒸気と反応させて，水素と二酸化炭素に変成する。水素と大気から取り入れた酸素を電池本体に供給し，直流電力を得て，直流交流変換器を経て交流出力を取り出す。

5.4.2　RDF（ごみ固形燃料）

　RDF（refuse derived fuel）製造方式は，対象廃棄物の種類により破砕，選別，乾燥および固形化の方法が異なるが，システムは大略，「乾燥工程と固形化工程の位置関係および添加工程の有無，添加剤投入位置」により分類することができる。各メーカーの RDF 化フローを概観すると，**図 5.19** に示すように，基

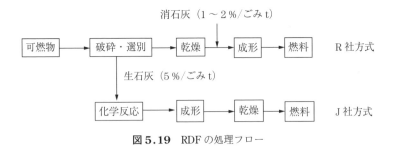

図 5.19　RDF の処理フロー

本的に日本リサイクルマネジメント方式（R社）とJ-カトレル方式（J社）の2方式に分類される[49]。

多くの自治体では分別収集を実施しているが，ごみ中には瓶，缶，ガラス，石，陶器の破片などの不燃物が含まれる。これらの不適物が含まれることを前提に選別工程を設計し，徹底した不適物除去により異物の少ない良質のRDFの製造が可能になる。風力選別を効果的に実施するには，ごみが風力選別機に投入される前に乾燥されていることが重要である。スラッジドライヤーとして実績の多いドラム回転式乾燥機をもとに，廃プラスチックの溶着防止機構の装着や排ガスを循環させてドラム内の酸素濃度を低く保持することにより，ごみを燃やすことなく高い乾燥能力を持つ乾燥システムを採用している。ごみは，二次破砕により40 mm角程度に破砕された後，石灰等を添加して独自の石臼式成形機に供給される。水分率10％以下に乾燥された均一ごみを成形機でさらに細かくすりつぶしながらダイスとローラで圧縮成形することにより，高密度・高強度成形品が得られる。成形後のRDFの形状は，直径が10〜30 mm φ×長さ10〜50 mmのクレヨン状で，嵩密度は0.5〜0.66である。ダイスの孔径を交換することで，利用に適した径に変更することが可能である。RDFは含水率が10％以下まで乾燥されており，かつ石灰が添加されているため，腐敗性はほとんどない。室内では1年以上の保管ができることが報告されている。また，固形であり取扱いが容易で，通常のトラック輸送ができ，安全な貯留や定量供給が容易である。燃焼がきわめて安定しており，燃焼制御が容易であるため，一般廃棄物の燃焼時に比べ，NO_x，ダイオキシン類の排出濃度がかなり低いとの報告もある。

RDFの利用に当たっては，大きく分けて小規模利用，民間利用，広域での発電利用の三つに分類できる。RDFの小規模熱利用方法としては，RDFの特性から着火，消火が瞬時にできないので，連続的に使用することが望ましく，RDF施設内以外にも周辺の病院，福祉施設や地域熱供給への利用が期待される。民間利用では，製紙工場の乾燥熱源，セメントキルンでの熱源，クリーニング事業の蒸気ボイラー燃料等の実績が報告されており，**図5.20**に示すRDFの炭化

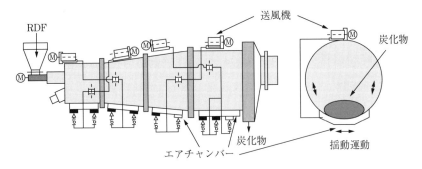

図5.20 RDF 炭化システム

システムも自治体で採用されている。炭化物は地元利用（土壌浄化，脱臭材など）や製鉄所利用などが提案されている。RDF 発電は経済産業省資源エネルギー庁が中心となり，NEDO の導入支援により三重県，石川県，広島県，大分県において実施に至っている。県下の自治体のごみ処理を焼却から RDF 化へ転換し，これを県が引き取って発電する。

5.4.3 バイオマス燃料

バイオマスを燃焼すること等により放出される CO_2 は生物の成長過程で光合成により大気中から吸収した CO_2 であることから，バイオマスは，この点に関してはライフサイクルの中では大気中の CO_2 を増加させない「カーボンニュートラル」という特性を有している。以下に代表的なバイオマス燃料としてバイオエタノール，ETBE，BDF を以下に紹介する。

（1）　バイオエタノール　　エタノールの主要生産国はブラジルと米国である。海外におけるガソリンへのエタノール混合率は，5～10 % を採用している国が多い。エタノールはアルコールの一種であり，石油のほか，サトウキビ，トウモロコシ等のバイオマスを原料として製造される。このうち，バイオマスを原料として製造されるものがバイオマスエタノールと呼ばれる。

利用に関する現状としては，2003 年 8 月にガソリンへのエタノールの混合上限の 3 % が規格化されて以降，非常に限定的であるが，一部の自治体で公用車に利用するなどの取組みが見られる。混合上限は，自動車の安全や排出ガス性

状等の観点から，許容範囲として定められたものである。海外では，燃料用エタノールは，おもにブラジルや米国で利用されており，生産はこの2国で世界のほぼ全量を占めている。ブラジル，米国では，自国の農業や農業資源（ブラジルではサトウキビ，米国ではトウモロコシ）の保護・利用促進としての側面からも，燃料用としての利用が進められている。現在，多くのガソリン自動車の排出ガスは三元触媒により浄化されているが，これが所期の性能を発揮するためには混合気が一定の空燃比を満たすことが前提とされている。エタノール等の含酸素化合物がガソリンに混合されると，空気のほかに燃料内部にも元素として酸素を含むことになり，混合気の実質的な空燃比が変化する。この結果，フィードバック制御が行われていない場合には，排出ガス中のCO, HCは減少する一方，NO_x量が悪化する傾向にある。また，含酸素化合物の一つであるエタノールについては，排出ガス中のアルデヒドや，エバポエミッションも悪化する傾向にある。このため，わが国では，安全面のほかに，燃料への含酸素化合物の添加を前提としていない。すでに販売された自動車における排出ガス等への影響も考慮して，ガソリンへの含酸素化合物の混合許容値は，エタノールで3%まで，含酸素化合物全体で含酸素率1.3%までと定められたところである。

（**2**）　**ETBE（ethyl tertiary butyl ether）**　　MTBE（methyl tertiary butyl ether）の代替としてバイオエタノールとイソブチレンを混合したETBEの使用を進めている。ETBE使用量のうち，バイオエタノール分はCO_2排出をゼロとカウントできる。ETBEはエタノールの直接混合と違って，万が一，水分が混入してもガソリンと分離することがないため，現在のガソリンの流通システムをまったく変更せずに利用できる利点がある。国内のMTBE設備を活用したETBEの利用だけでは能力不足となるため，大幅な増設が必要となる。課題としてはイソプロピレン原料確保，ガソリン製品融通の支障や将来E10が始まった場合にETBEとエタノールの両方を添加する可能性もあり，混合燃料がガソリンとしての性質上問題があり，普及には十分な検討が必要といわれている。なお，E10とはガソリンに10%バイオエタノールを混合することで，欧米では

各種試験において問題ないとの見解が出されている。

（**3**）　**BDF**　　BDF（バイオディーゼル燃料）は，バイオマス由来の油脂（菜種油等）をメチルエステル化した脂肪酸メチルエステル（FAME）であり，ニート（原液のまま），または軽油と混合してディーゼル車に利用される。国内における利用例としては，一部の自治体等で，廃食用油を回収し，メチルエステル化した後，軽油に 20 ％混合したいわゆる E20，あるいはニートとして，市営バスや廃棄物収集車の燃料として使用している例などが見られる。ただし，車両側に一定の改造を行い，通常のディーゼル車よりも頻繁に定期的なメンテナンスを行いながら利用しているのが現状である。世界全体で見ると，おもにヨーロッパで利用されており，ドイツ，フランス，イタリアの 3 か国で世界の生産量のほとんどを占める。

　軽油に BDF を混合して使用した場合の自動車排出ガスへの影響については，環境省が 2002 年度に実施した試験の結果によれば，軽油を使用した場合に比べて，CO，NO_x が増加することが示されている。また，particulate matters（粒子状物質）に関しては，すす（ばいじん）が減少する一方，SOF（soluble organic fraction，軽油や潤滑油の未燃成分）が多く生成されるとされ，排出される SOF 分の量は酸化触媒の有無により大きく影響を受けている。

5.4.4　DME（ジメチルエーテル）

　天然ガスから液体燃料を製造し，これを天然ガスの輸送手段として，あるいは石油に代わる燃料として利用しようとする技術の開発が活発化している。この技術は基本的には天然ガスを水素と一酸化炭素からなる合成ガスに転換し，この合成ガスから液体燃料を製造するという二つの段階から構成される。合成の方法として FT（フィッシャトロプス）合成法が知られているが，このほかメタノールあるいは DME（ジメチルエーテル）の合成も含め，総称して広義の GTL（ガスツーリキッド）と呼ばれている。

　なかでも環境への負荷が少なく，かつ未利用資源から合成され得るクリーンな新エネルギーとして DME が世界的に注目を集め，合成ガス（水素，一酸化

炭素）からのDME直接合成技術の開発が進められている[50]。

（1）　DMEの物性　　DMEは最も単純なエーテルとして知られているが，LPGによく似た性質を持ち，取扱いが容易で硫黄などの有害物質を含有しないクリーンな燃料となり得ることがわかっている。また，セタン価が55と高いので，ディーゼルエンジンの燃料としても利用でき，ディーゼルエンジンの最大の問題点であるPM（粒子状物質）の排出が検知限界以下となることが報告されている。DMEは沸点が-26℃の無色の気体で，化学的に安定であり，20℃における飽和蒸気圧が0.62 MPaと低く，圧力をかけると容易に液化する。その性質がLPGの主成分のプロパン，ブタンに類似しているので，貯蔵・ハンドリングはLPGの技術が応用できる。DMEの質量当りの発熱量（低位）は28.9 MJ／kgとプロパン，メタンより低いが，メタノールより高い。気体としては59.4 MJ／Nm³と，メタンより高い発熱量を持っている。爆発下限はプロパンより高く，漏洩に対し，より安全である。火炎は天然ガスのように可視青炎であり，ウォッベ指数（ガス燃料の発熱量と流通抵抗の比）がメタンとほぼ等しいので，天然ガス用のコンロがそのまま利用でき，熱効率，排気ガス特性も同程度である。現在，DMEはメタノールの脱水反応またはメタノール合成の副産物として製造されており，日本国内で約1万t／年，世界で15万t／年程度の生産量であり，その大部分はフロンガス代替用としてスプレーなどの噴射剤として利用されている。

（2）　DMEの直接合成法　　DMEの製法は，石炭あるいは天然ガスなどを部分酸化または水蒸気改質によって合成ガス（水素と一酸化炭素）とし，それからまずメタノールを合成する。DMEは2分子のメタノールから脱水反応によって合成される。これに対し，メタノールを経由することなく直接，高効率でDMEを合成ガスから合成する直接合成技術が開発された。その反応は，式（5.1）で1分子の一酸化炭素と3分子の水素が反応して，1分子ずつのDME（CH₃OCH₃）と二酸化炭素を生成するが，これはつぎの式（5.3）のメタノール合成反応，式（5.4）のメタノール脱水によるDME合成反応，式（5.5）のシフト反応の三つから成り立つ総括反応である。

$$3\,CO \;+\; 3\,H_2 \;\to\; CH_3OCH_3 \;+\; CO_2 \tag{5.1}$$

$$2\,CO \;+\; 4\,H_2 \;\to\; CH_3OCH_3 \;+\; H_2O \tag{5.2}$$

$$2\,CO \;+\; 4\,H_2 \;\to\; 2\,CH_3OH \tag{5.3}$$

$$2\,CH_3OH \;\to\; CH_3OCH_3 \;+\; H_2O \tag{5.4}$$

$$CO \;+\; H_2O \;\to\; H_2 \;+\; CO_2 \tag{5.5}$$

これに対し，式（5.5）のシフト反応を含まない場合は，式（5.3）と（5.4）の反応の組合せで式（5.2）の反応が進行する。**図5.21**に，2種のDME合成反応式（5.1），（5.2）とメタノール合成反応式（5.3）の平衡転化率（COとH_2の転化率）が合成ガス中の水素と一酸化炭素の比（H_2/CO）によりどのように変化するかを示す。

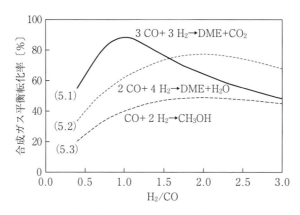

図5.21 DMEの平衡転化率の比較

いずれの場合も合成ガスの組成が反応の量論比 $H_2/CO = 1$〔反応式（5.1）〕，$H_2/CO = 2$〔反応式（5.2），（5.3）〕に一致した場合，平衡転化率が最大となっている。反応式（5.1）によるDME合成の平衡転化率の最大値は，反応式（5.2），（5.3）の場合より高い。化学的平衡状態は反応物質が生成物質に変化する速度と，生成物質が反応物質に戻る逆反応の速度が等しい状態と定義される。したがって，生成物質の量が減少すれば，逆反応速度が抑制され，その結果，平衡転化率が上昇することになる。これは一般にシナジー効果と呼ばれている。

　以上の例では，メタノール合成反応（5.3）の生成物であるメタノールが，脱水反応（5.4）によって消失し，さらに脱水反応（5.4）の生成物の一つであるH_2O が，シフト反応（5.5）によって消失する。また，シフト反応（5.5）によって生成した H_2 がメタノール合成反応（5.3）を促進することによって，全体としての平衡転化率が上昇するという効果をもたらしているのである。このことから反応式（5.1）を実現することが反応平衡上有利であることが容易に理解される。合成ガスからの DME 直接合成の研究が行われるようになったのは，1980 年前後からで，いずれもメタノール合成触媒と脱水触媒を混合した固定床を用いていたが，高温部生成による触媒の劣化等の問題があった。

　現在，ベンチスケール以上の規模で開発が行われている 3 社のうち，ハルダー・トプソ社は固定床を多段，多塔に分割して反応熱を除去しているが，装置としては複雑なものになっている。エアプロダクツ・アンド・ケミカル社ではスラリー床メタノール合成の応用として DME 合成研究を行ったが，触媒の劣化がはなはだしく基礎研究に戻っている。これら 3 社のうちで反応式（5.1）によっているのは JFE だけである。

　DME 直接合成は発熱反応であり，一方，その触媒は高温にさらされると，徐々にその性能が低下する。したがって，DME 直接合成反応では反応熱を効率よく除去し，反応器の温度を安定的に制御することが重要となる。この問題に対する最良の解答がスラリー床反応器であると考えられる。JFE では技術開発のポイントを新触媒の開発と新触媒が安定してその性能を発揮できるスラリー床反応器技術（**図 5.22**）を開発することにおき，1989 年より東京大学工学部藤元薫教授と共同で合成ガスからの DME 合成の研究を行ってきた。1997年より 4 年間，通産省資源エネルギー庁の石炭生産・利用技術振興費補助金を受け，財団法人石炭利用総合センター，JFE，太平洋炭礦，住友金属工業と共同で，5 t／日規模の大型ベンチプラントを釧路市内の太平洋炭礦株式会社釧路鉱業所内に建設し，1999 年，2000 年の 2 年間にわたって試験研究を行った。なかでも炭層メタン（メタン 30 ～ 40 %，窒素 50 ～ 53 %，酸素 6 ～ 10 %）のみを原料としての DME の直接合成に世界で初めて成功している。2002 年から規

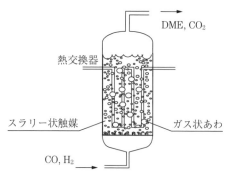

図 5.22 スラリー床反応器

模を 100 t／日とした実証プラントがやはり経済産業省の補助事業として，同じ
く釧路／白糠町に新たに建設され，2003 年 11 月竣工，12 月より運転開始され，
2004 年度には 6 月〜8 月，9 月〜12 月と 2 回運転された。運転では総合転化率
95 % 以上，DME 選択率 90 % 以上，DME 製品純度 99 % 以上などの目標を達
成するとともに，商業設備へのスケールアップに必要な各種データを得てい
る。2005 年度は 5 月より約 6 か月の連続運転を行った[51]。

（**3**）　**中国の DME 利用**　　中国での DME 利用を紹介する。久泰化工は羅
荘工業団地区内にあり，2004 年以降，石炭を原料とした年産 8 万 t のメタノー
ル，3.5 万 t の DME 生産と販売を行っている。2006 年には内モンゴル自治区
オルドス市で，年産メタノール 100 万 t，DME 20 万 t の建設が予定されている。
現在，上海交通大学，西安交通大学，吉林大学などの高等学府および臨沂自動
車改装工場と密接な協力関係を打ち立てており，DME のスーパー・クリーン
燃料の自動車への応用を研究開発している。例えば，DME 自動車（実際には
LP ガスに DME を 40 重量 % 混入した燃料）43 台が市内を走っている。DME
用コンロおよびガス湯沸し器には LP ガスとの混合物ではなく 100 % も使用し
ている。すすの発生がなく，家庭の調理用には優れたコンロ用燃料である。
100 % DME が年間 8 000 t，LP ガスとの混合で年間 1 万 t 民生用として販売さ
れている。切断機のアセチレンガスの代替利用や殺虫剤，ペンキなど各種噴射
剤および冷媒，発泡剤の用途がある[52]。

6

海外のリサイクル

世界でごみ問題が注目され，ごみゼロ社会の実現に向けて各国はそれぞれの取組みを行ってきた。各国のごみ問題の解決に向けた考え方と取組みの方法を学ぶことは，わが国の施策を考える上でも，大いに参考になる。

また，地球温暖化をはじめとする地球環境問題は世界共通の課題である。今後，ますます地球環境問題の解決に向けた国際的な協力が不可欠であると考えられている。

6.1　なぜ海外の動向を知ることが必要なのか

ごみ問題は，各国とも同じような問題を課題として抱えている。したがって，各国がどのようにごみ問題を解決していこうとしているのかを知ることは，わが国のごみ問題を解決していく方法を検討していく上で参考になる場合が多い。

概して，わが国は，基礎的な技術を改良し，応用技術を開発していく力や，いったん外国で考えられた概念を導入することには大変優れているが，問題の解決に当たって，どうあるべきかという姿を根本から考え，それを実行に移すことを行ってこなかった面がある。例えば，製造者責任という考え方もドイツで生まれた考えである。しかし，家電リサイクル法のように，ドイツの政令案が日本より先に発表されながら，関係者間の調整に手間取っている間に，わが国のほうが進んでしまった例もある。また，北欧のように冷暖房を町全体の社

会インフラとして考えるといったこともなかったのも，わが国に足りない点である。

このようにわが国の長所を生かし，短所を補う意味で，各国の動向を知ることは大切である。

また，北欧は，冬はほとんど一日中真っ暗な季節が続くため，夏になると争って都市の公園で日光浴をしている国であり，自然環境はほかの地域に比べて大変厳しい国である。また，ドイツやオランダなど，ヨーロッパはそれぞれ国境で接しているため，河川の汚染などはすぐに国際問題に発展する。こうした点が他の国に比べて環境問題に熱心になる理由がある。

一方，米国は，国土が広く，埋め立てる土地が十分にあったため，ヨーロッパに比べるとリサイクルに対する取組みは遅れてきた。しかし，埋立てに伴う環境汚染に対しては原状回復を目的としたスーパーファンド法が制定され，汚染者の責任と役割に対する規制が進んだという特徴がある。こうした環境問題に取り組まれた背景を理解することも，環境問題の解決策を考える上で参考になると思われる。

環境問題は地球全体の問題であり，国際問題化している。そのため地球環境問題の解決に向けた国際協力の重要性が増している。わが国は，アジアにおいて最も成熟した国の一つとして，中国，インド，東南アジアなどの国々における環境問題の解決に，いっそう支援していくことが求められている。

6.2　ヨーロッパの取組み

6.2.1　デンマークのカルンボー市における企業間連携による取組み

デンマーク東部の港町で人口約2万人の小都市であるカルンボー市では，30年以上前の1970年より企業間の連携による廃棄物の利活用を進めている。

図6.1に示すカルンボー市の取組みは産業シンバイオシスと呼ばれている。シンバイオシスとは，生物学からきた言葉で，異種の生物がさまざまな相互利益関係を持って共生していくことをいうが，産業シンバイオシスとは企業活動

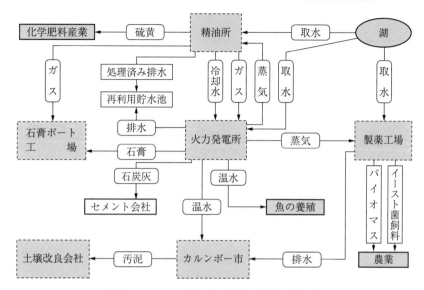

図6.1 カルンボー市の企業間連携の実態[53]

から排出される廃棄物を単に廃棄物として処理するのではなく，副産物として相互に交換し合って生かしていく企業ネットワークのことを指している。

　このプロジェクトが成功したのは，第1に，初めから大きな計画を持たないで個々の企業関係を基に開発がなされたこと，第2に，学術的・理論的なものではなく，たがいの利益を求めることから始まったことが理由として考えられている。

　当初4社から始まったが，現在は，電力会社（アスネス石炭火力発電所），石膏ボード製造業（ジプロック社），製薬会社（ノボノルディスク社），土壌改良事業者（A・Sバイオテクニスクコードレンス），製油業（スタットオイル精油所）の5社と自治体（カルンボー市役所）が参加している。国連大学のゼロエミッション構想や山梨県の国母工業団地のゼロエミッションの取組みなどに影響を与えている。

6.2.2　スウェーデンのコミューン主導の環境先進事業

　スウェーデンでは，コミューン（自治体）主導により環境事業が行われ，成

果を上げている。スウェーデンでは，2001年からごみの埋め立て税が施行され，2005年には燃えるごみの埋め立てが禁止となり，2006年には有機系のごみ（生ごみなど）の埋め立てが禁止となる。そこで，全国22か所の焼却施設に新たな技術が必要となったが，自治体が出資している企業が企業間連携により対応をしようとしている。

　例えば，11の自治体が株主となっているレノバ社はごみの破砕分別，焼却およびごみ発電，コンポストの製造，家電製品の分別などを総合的に行っている。また，スウェーデンでは，熱エネルギーの80％以上を再利用することが義務付けられている。

　また，同じく自治体が株主になっているブリスタクラフト社は，木質バイオマスによって電力と熱エネルギーを供給している。スウェーデンでは，配管を通じて家庭に暖房用の熱を供給している自治体が112あり，同様のバイオマスを利用したエネルギー供給会社が15社ある。

　デンマークは，酪農が盛んなため，家畜糞尿によるバイオマス発電が盛んであるが，スウェーデンは水力と森林に恵まれているため，木質バイオマス利用やエタノール，メタノール生産に力を入れている。

　1991年には炭素税が導入され，現在，一次エネルギーの35％が再生可能エネルギーになっている。特に，バイオマスエネルギーは1970年代から取組みが進み，現在，一次エネルギーの19％がバイオマスエネルギーになっている。炭素税の課税率は石炭，石油，天然ガスの順に高く，バイオマスエネルギーには課税されていない。

6.2.3　ドイツの容器包装リサイクルの仕組み

　ドイツは，わが国の憲法に当たる「ドイツ基本法」，1994年，次世代のために自然を守る責任があるという条項（20条）を付け加えた。また，1991年に「容器包装廃棄物政令」が施行され，1996年には，「循環経済・廃棄物法」が施行された。こうした取組みもあって，ドイツは環境先進国といわれている。

　DSD（デュアルシステムドイツ）は，1990年に設立した。ドイツでは，生ご

みの回収は自治体の役割で，容器など資源ごみの回収は，事業者の役割となっている。そのため事業者は，自ら回収を行うか，そうでなければ，第3者に委託をして回収を行わなければならない。そこで，委託をする第3者機関として事業者の出資によって生まれたのが DSD である。

　DSD に委託をした事業者は，回収処理費を DSD に支払うことによって，責任を果たしたことになるのである。処理費は，容器の使用量と容器の素材によって異なる。

　例えば，プラスチックはガラス容器などに比べてリサイクルにコストが多くかかるため，プラスチック容器には，委託する事業者から徴収する kg 当りの回収処理費がほかの素材の容器に比べて高くなっている。これによって製品価格にも反映されてくるため，リサイクルコストの低い素材にシフトしていくような仕組みになっている。

　しかし，DSD は，1993 年には，回収や分別の費用に比べて料金収入が少なすぎたため，13 億マルク（約 800 億円）の赤字を出すという事態も生じた。

　また，プラスチック容器は，回収や分別にコストがかかりすぎるため，回収分の約半分は，旧ソ連や東欧諸国などに輸出され，そこでリサイクルされている。

　そのほか，長引く不況やリサイクルの進展などにより，ごみが減少したために，ごみを処理する能力に対応したごみが集まらずに，ごみ不足となり，ごみ処理単価が上昇するという状況が生じた。あるいは，地方自治体の収集が有料であるのに対して DSD が無料であるため，資源ごみ以外のごみが DSD の回収時に混入されるケースが生じたりするなど，課題が明らかになってきた。

　さらに，DSD はコスト高で，大手企業を中心に独占的であったため，新たなリサイクル企業が出現した。例えば，1995 年，ランドベル社がマインツに設立され，DSD のコストの半分で 97 ％ の高いリサイクル率を達成した。紙とビンのみ分別し，その他は一括回収，機械選別後，固形燃料化する。ドイツにおいても回収やリサイクル手法の選択が広がっている。

6.2.4　イギリスの廃棄物処理

（1）**PFI 事業**　　イギリスでは年間約 15 億ポンドが廃棄物処理に使用され，一部は政府交付金で賄われる[54]。具体的には「PFI（プライベートファイナンスイニシアチブ）クレジット」と呼ばれ，向こう 3 年間で約 3 億ポンドの交付金予算が組まれ，政府が設置した専門機関が承認する自治体の PFI 事業に対して，当該事業に関わる資産総額の一定割合を補助金として，関係省庁から自治体に交付する。「PFI クレジット」の交付が承認されると，PFI 事業を行う自治体に対して，毎年一定割合の補助金が交付されることが確約され，この交付金が自治体の PFI 事業を計画する最大のインセンティブになる。民間事業者にとっても，自治体の支払能力に対する信用力が増すし，政府の審査により承認されたことによって PFI 事業の信頼性が向上するといったメリットも得られる。ほかには，設備投資のため，補助金約 2 億ポンドの別予算も準備され，新しい廃棄物処理施設によって地方自治体は，埋立処理からリサイクルに切り換えることができる。この「PFI クレジット」は分野別予算が計上され，廃棄物処理分野はマテリアルリサイクル，廃棄物発電，コンポスト，土壌改良の 8 件の企画が認可された。PFI 事業認可の条件は詳細な取決めがあり，例えば，自治体はヨーロッパの埋立て禁止規制に準じ，リサイクル計画やごみ減量化の計画を公表する義務がある。一方，民間事業者は地域住民との調整も完了しておく必要がある。現在の補助金の上限は，1 企画当り 2 500 万ポンドで，政府は各自治体（県，市が協力して）から，興味ある企画が提出されることを期待している。

（2）　**ロンドンの廃棄物処理行政**　　イギリスでの家庭ごみの最終処理は，現状埋立て処理が一般的であるが，ロンドン 33 区のうち，グリーンウィチ区，レビシャム区，サウスワーク区の 3 区ではごみの埋立て処分場がいっぱいになり，1986 年に焼却炉を建設するプロジェクトチームが設立された。官側の予算だけでプロジェクトを実施することは適切でないとの判断から，1987 年に民側企業とコンソーシアムを組むことが行われ，1991 年にセルチップ社が設立された。セルチップ社はレビシャム区の北部に位置し，1994 年より行政区からの委

託を受け，約90万の住民から発生する42万tの家庭ごみを収集・焼却し，30 MWの発電電力を電力会社へ売却しており，ごみ受入れ代金と売電の収入で賄われている。行政区とのごみ受入れ契約はウェストミンスター区から15万t/年，ベクレー区から8.8万t/年，さらに，レビシャム区とグリーンウィチ区とは30年で各10万tの契約を行っている。焼却炉は，29t/時×2炉を有し，42万t/年のごみに対し，1日当り1 500t/日のごみを5.5日/週の稼働で焼却している。22万kWh/年（約3.5万世帯分）の発電と焼却灰を年間1.2万t路盤材に利用して収益を上げている。

　本事業は，PFI普及前に行われた第3セクター方式民営化プロジェクトで，施設能力が実際の処理量に比べて大きいのは，従来の公共事業の仕様で設計されたためだと想定される。商業ごみの合わせ処理によって家庭ごみの減少分を補う方法は，行政が指導により第3セクターの間接支援をしており，リファイナンスができたのも，こうしたスキームの中で行政の間接的な保証が評価されたためだと考えられる。廃棄物処理事業をPFIで行う場合，計画当初に将来の見通し，計画変更の条件を入念に検討しておく必要がある。

（3）　イーストサセックス周辺地域の広域廃棄物処理とリサイクル推進
ロンドンから南に車で100 km，約2時間余りでイギリス海峡が見えるイーストサセックス県とブライトン＆ホウブ県では年間150万tの廃棄物が発生し，このうち36万tが家庭からでるごみで，自治体が埋立て処理している。

　一般に，イギリスを含め，ヨーロッパはこれまで廃棄物処理のほとんどを埋立て処分していたが，最終処分場の逼迫とヨーロッパリサイクル目標の適用により，廃棄物リサイクル，焼却・発電へと大きな政策転換を行っている。ヨーロッパのリサイクル最終目標は，2015年までに67％のエネルギー回収，このうち33％がリサイクル（再利用）で，具体的には紙，缶，瓶等の再利用とコンポストである。残りの34％は焼却・発電と熱利用である。

　公共としては**表6.1**に示すリサイクル目標を実現するため，エネルギー回収や再利用に追加料金を支払う料金算出式を提案し，料金*X*, *Y*, *Z*は入札要件である。**表6.2**の基本料金*X*は，ごみ処理量の変動を想定し，5段階に分けてそ

表6.1 ヨーロッパリサイクル目標

年	再利用	回　収
2003	20 %	—
2005	25 %	40 %
2008	30 %	45 %
2015	33 %	67 %

表6.2 ごみ処理料金の契約条件

基本料金	X	県予想値 $X = 10$ ポンド／t
回　収	Y	県予想値 $X + Y = 60$ ポンド／t
マテリアルリサイクル	Z	県予想値 $X + Y + Z = 80$ ポンド／t

れぞれ金額を提案させ，このごみ処理量は年間36万tを基準として，上限は55万t，下限は30万tを想定している。上下限を超える場合は，再契約で上下限内のごみ処理量の変動リスクは民間が担い，これを超える大幅な量の変動リスクは官が負うという条件が当初より提示されている。これは設備規模の設定等に民間の創意工夫の幅が広がったという見方と，民間へのリスク移転が高まったという双方の見方ができると思われ，契約形態の工夫という点で新たな試みである。

　リサイクル事業は処理費用，リサイクル品の販売収入に比べて，初期投資額が大きく，事業採算性の乏しい事業であり，ヨーロッパリサイクル基準という厳しい目標があることから，表6.2のようなリサイクル率の向上に合せて処理料金にボーナスが出るシステムとなっている。一方で，25年という長期の事業期間において，リサイクル事業自体の将来動向が読めない状況であり，場合によっては，採算の取れる事業となる可能性もあり，その状況を想定して利益の一部を公共に返済するといった条項を契約に入れている。これらの複雑な条件をあわせて事業として取り組むことで，結果として，将来動向が読み難いリサイクル事業をサービス購入型の事業としての廃棄物処理事業とあわせて行う，日本では見られない事業スタイルである。

　事業期間は25年間で，総費用は約10億ポンド，その内訳は，廃棄物発電施設約8 000〜10 000万ポンド，マテリアルリサイクル施設約1 500万ポン

ド，ごみ収集車約800万ポンド，その他，土地購入費などである。事業方式は
BOT式であり，施設は25年契約後に無償で公共に返却する。事業の評価は
VFM（value for money）にこだわることなく，点数制を導入し，料金に対する
サービスの質が高いものを選択するベストバリュー方式を採用している。銀行
からの融資も，公募段階から親会社の性能保証を想定したプロジェクトファイ
ナンスで，県債権の購入や積立金等のメニューが考えられる。

6.3　米国の取組み

6.3.1　米国の環境法

　米国における環境問題への本格的取組みは1970年のEPA（Environmental
Protection Agency，環境保護局）の設立と同時に始まり，その後，大気汚染防
止法，水質汚濁防止法などの制定に引き続き，1976年に廃棄物処理に関連した
資源保全再生法が連邦法として制定された。ごみ処理を含めたすべての環境保
護行政をEPAが総括している。その他の連邦法としては，有名なラブキャナル
事件を契機に汚染施設の浄化費用の基金について定めたスーパーファンド法が
制定されており，厳しい汚染責任追及原理が取られている。ニュージャージー
州やマサチューセッツ州などでは1980年代から強制リサイクル法などが制定
され，ボランタリープログラムでのリサイクル率向上に取り組んでいる。全米
リサイクル連合（NRC）では2000年でのリサイクル率を50％に定める戦略を
立て，廃棄物処分量が低減し，最大大手のウエストマネジメント社だけで100
億ドルの売上げがあり，中小規模民間事業者では生き残りは難しい。

　一方，米国の関連産業は，ワールドウオッチ研究所の試算では，2005年には
3 000億ドルの市場に成長しており，この5年間で3倍に成長するといわれてい
る。注目されているのは究極のゼロエミッションである難分解性の有機化合物
を分解するバイオレメディエーション技術（生物的環境修復技術）である。土
壌中の汚染物質は汚染土壌を直接コンポスト化することによって分解される。
つぎに示す汚染物質がコンポスト化によって分解されることがわかっている。

石油系炭化水素　　　：ガソリン，軽油，ジェット燃料，グリース

多環芳香族炭化水素：木材防腐剤，石油精製からの廃棄物

　　　　　　　　　　石炭ガス化からの廃棄物

農薬　　　　　　　　：殺虫剤，除草剤

爆薬　　　　　　　　：TNT，RDX，ニトロセルロース

　コンポスト化によるバイオレメディエーションは，広範囲な土壌汚染を処理するには経済的な面で非常に有利である。

　コンポスト化処理はバイオフィルターとしてガスの処理への応用もできる。排気ガス処理には一般的に活性炭による処理が考えられるが，活性炭処理はコ

┌─── ティータイム ───┐

国際資源循環

　再生資源の国際循環についての議論は，近年特に盛んである。家電リサイクルに関しては，e-waste による途上国での環境汚染が懸念されているように，国際循環の負の側面についての問題が取りざたされている。その一方で，動脈社会で国際化が進む中で，静脈のみモノの流れを国内に閉じさせることの限界を指摘する意見もある。さらに，国際循環にも正の側面があることを積極的に評価することができないわけではない。したがって，国際循環に関する検討は多面的に行う必要がある。

　再生資源の国際循環には，その得失を輸入国側と輸出国側で考えることができる。家電リサイクルに関しても，同様な視点が挙げられると考えられる。このうち，最も優先されるべき論点は輸出先の国での環境汚染であるので，その意味では，「どういった条件を満たせば環境汚染を起こさない国際的な資源循環として認められるか」を論じる必要がある。例えば，テレビのブラウン管に用いられている鉛ガラスは，国内でのリサイクル処理ができなくなってきたためにバーゼル条約のもとで国外でのリサイクル処理がなされる必要があった。一方，蛍光体等による被覆物質が適切に除去されたブラウン管ガラスカレットについては有害物質を含まないことから，タイとマレーシアではバーゼル対象外品目とすることを承認しており，現在ではこれらの国でブラウン管ガラスの再生が行われるようになった。このような有害物以外についても，輸出国側の道義的責任を踏まえて，適切に網掛けをすることが望まれる。また，このような網掛けは，輸出先の国での環境汚染ということだけでなく，国外での安易な処理が行われることにより国内の排出事業者責任が空洞化し，国内での適正処理に支障を来すおそれがあることからも重要だろう。

ストがかかり，また湿度が高いガスに対しては効果が低くなる。しかし，コンポストによるバイオフィルターは湿度が高いガス処理には有効である。バイオフィルターによる処理は，コンポスト表面への物理的吸着に加えて，生物処理が加わる。コンポストの表面に物理的吸着をしたガス粒子はコンポスト中の微生物によって分解される。この生物処理を経て，ガス成分は無機化されていく。

6.3.2　米国の RPF 発電

米国の ASTM（American society for testing and materials，米国材料検査協会）の指標を参考にわが国の廃棄物再生燃料（RPF）が定義されている。わが国での RPF（別名，RDF）は RDF-5 が中心であり，RDF-3 をフラフ RDF，RDF-4 を粉体 RDF，RDF-5 を成形 RDF と呼ぶこともある。米国では 1970 年代中ごろからさまざまな形態での RDF 利用が行われてきた。特に，フォスターウイラ・パイロパワー社の RDF 集合発電は有名であり，イリノイ州シカゴ郊外で日量 1 600 t の都市ごみをフラフ状に乾燥し，列車で集荷し，循環流動層ボイラー（CFB）にて焼却・発電している。RDF を 2 基の流動層ボイラー（600 t／日）で燃焼し，5 万 kW の蒸気タービンにて発電している。バグフィルターで回収されたフライアッシュはドライのままセメント原料として出荷され，ボトムアッシュは埋め立て処分され，総アッシュは持ち込まれた都市ごみの 5 ％程度にすぎない。

7 ごみゼロ社会実現に向けての課題と提言

　希少資源の枯渇，ダイオキシンやフロンガスなどの有害化学物質問題の発生，最終処分場の残余容量の減少などにより，ごみゼロ社会の実現が求められるようになった。そこで，行政からはさまざまな施策がつくられ，企業の活動や市民の運動も活発化してきた。

　循環型社会形成推進基本法で示されているように，ごみゼロ社会の実現に向けては，リデュース（ごみの発生を抑制する），リユース（部品として繰り返し利用する），リサイクル（原材料として再生利用する）の「三つのR」の実施が必要である。また，環境負荷を減らすという点で，具体的には，資源をできるだけ使わない，有害化学物質を発生させない，最終処分量を減らすという点で，リデュースをまず考え，つぎにリユースできるものはリユースし，そうでなければリサイクルするという優先順位となっている。

　例えば，リデュースは，企業が製品をつくるときに省資源で商品をつくるということである。また，消費者側では，スーパーなどで買い物をするときにマイバッグを活用し，ごみを出さない工夫をするなどの対応が必要である。リユースは，残念ながら，日本のように所得が向上すると自分で物を所有しようということになり，成立しにくくなるという問題がある。しかし，中古車のほかに，中古住宅，中古パソコン，中古CDや古本，リサイクルブティックなどの市場が広がってくることは，ライフスタイルを見直すという点で良い傾向だと考えられる。

　こうしたリデュース，リユースを考えた上で，リサイクルを実施していくこ

とが大切だと考えられている。

7.1　リサイクルが進まない要因と進ませる要因

　ごみゼロ社会実現のためには，リサイクルをより効果的に行うことが必要である。しかし，リサイクルは，施策を講じなくても簡単に進むわけではないのが実状である。

　リサイクルが進まない要因としては，リサイクル製品が市場原理だけでは回らない，リサイクル技術が十分ではない，人々の意識が低いといったことが挙げられる。

　特に，第1の経済性の問題は，大きな課題である。リサイクル品はなぜコストがかかるかといえば，表7.1に示すようにバージン原料から製品をつくることと比較をして，資源ごみを回収するという工程と，回収した資源ごみを資源にする工程（再資源化工程）の二つの工程が関わり，そのための設備，人件費，光熱費等がかかるため，原料の段階で，バージン原料よりも価格が高くなってしまうことが挙げられる。また，廃棄物を回収する段階で，不純物が含まれている等により，バージン原料から製品をつくるよりも品質的にも悪くなる場合が多い。また，そのこともリサイクル製品の市場競争力を弱める原因ともなっている。

表7.1　リサイクル品とバージン原料品の工程比較

	リサイクル品	バージン原料品
原料の採掘・調達		○
資源ごみの回収	○	
再資源化	○	
製品化	○	○
廃棄・処理・処分		○

　このようなことにより，リサイクルビジネスの特徴として，第1に市場原理で回らないこと，第2に産業（工業）の発展に伴って生じてきた問題であること，第3に人々の意識が高まる必要があることなどが挙げられる。

第1についていえば，市場原理で回れば，あえてリサイクルといわなくても
リサイクルされているはずである。したがって，リサイクルに誘導するために
は，国や自治体による法規制や経済的な支援が必要となる。

第2については，公害問題以降，科学技術の進展に伴い積み残してきたこと
が環境問題となっており，これを解決するためには，やはり科学技術が必要で
あるということである。このためには，企業の技術が求められている。

第3には，運動としての盛り上がりが必要であるということである。これ
は，市民や市民団体の力が必要となる。

リサイクルをビジネスとして成立させるためには，市場原理で回るようにな
んらかの方策を取ることが必要である。そのため，市場原理で回らない場合，
行政や市民団体の関与によってリサイクルが成立していることが多い。

地域レベルでの積極的な取組みに加え，そのビジネス環境を整備する地方自
治体をはじめとする行政，市民等の役割が大きい。

7.2　リサイクルを市場原理の社会で成立させるための方策

リサイクルは経済性の点でバージン原料からものをつくるよりも不利である
ため，市場原理の社会でも回るような方法を考えていかなければならない。そ
こで，実際には以下のような方法が取られている[55]。

第1は，補助金や環境税等での経済的施策である。再資源化や回収のための
設備を構築することは，多大な投資が必要である。そのため，イニシャルコス
トの全部または一部を補助金や利子補給などの形で国や自治体が負担すること
により，事業者の負担を軽くし，事業の安定性を図ることである。エコタウン
事業を始めとする補助事業がこれに当たる。一方，安定型から管理型への変更
や埋め立て税などにより最終処分費を上げることによって，リサイクルに向か
わせるという方法も同様に，経済面からリサイクルの方向に向けさせる施策と
してとらえることができる。

第2は，一般に，ボランティア経済といわれる手法である。リサイクルを行

うためには，回収と再資源化にコストがかかることが大きな問題である。そこで，特に資源ごみの回収などを市民や市民団体によるボランティアで，本来かかるコストを吸収し，表のコストがかからないようにすることによって，市場競争力を高めることがリサイクルの促進につながると考えられる。廃食用油の回収による BDF（バイオディーゼル燃料）の製造などはこうした事例である。

第3は，逆有償（バッズ）ビジネスであるということを認識し，ごみ処理費をベースにしたビジネスモデルを考えるということである。資源ごみは，有価物（グッズ，goods）ではなく，逆有償（バッズ，bads）の場合が多い。したがって，リサイクル事業者は，中間処理業者として処理費を請求することができる。そこで，製品として販売する場合，バージン製品と価格競争力を持たせるため，製品価格を安くしたとしても，処理費＋リサイクル製品の販売費で，事業採算が取れるような事業が展開できる。容器包装プラスチックの再商品化事業などで事例がある。

7.3 リサイクルビジネスを有利に進めるための課題

リサイクルビジネスを上手に進めていくためには，**図7.1**に示すように資源ごみの搬入に関する課題（入り口での課題），処理し，再資源化する上での課題（再資源化プロセスでの課題），再生資源の利用に関する課題（出口での課題）の三つの課題をクリアしていくことが求められる。

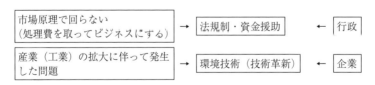

図7.1 リサイクルビジネスの特徴

（1）　入り口（資源ごみのインプット）での課題　　品質の良い資源ごみを安定的に確保することと，より効率的に回収するための回収ルートや回収方法を検討することが重要である。

特に，良質な純度の高いリサイクル原料を確保するという観点から，分別の徹底を図ることは，重要な課題である。しかし，細かく分別を行うためには，コストもかかり，どこまで細かく分別するかについては，再生資源の市場性を考慮していくことが求められる。

また，物流コストを削減させることがコスト競争力を高めることになるため，コストを削減させるための知恵が求められる。

（2）　再資源化する上での課題　　リサイクル品の品質がバージン原料に比べて低く，しかもコスト高になることが多いことがリサイクルが進まない要因であるため，これを打開し，より高品質かつ効率的なリサイクルを実現するための技術開発が重要である。

近年努力されているが，塩化ビニルの分別や建設汚泥の活用などについての技術は，いっそうの技術開発が求められている。

（3）　出口（再資源化原料のアウトプット）での課題　　再資源化された商品の市場開拓と用途開発が必要である。また，市場が大きくなることによるスケールメリットでコストダウンが図れるため，再生品の需要を促す施策も必要である。例えば，再生紙は，以前は割高であったが，行政等でのグリーン調達が進み，市場が拡大することにより，コストダウンが図られ，そのことが新たに市場を生むという効果につながった。

技術開発と施策の連携が求められる。

7.4　ごみゼロ社会実現に向けての提言

地球環境問題の悪化と環境問題に対する関心の高まりによって，ごみゼロ社会に向けた動きも近年活発になっている。しかし，ごみゼロ社会のより効果的な実現に向けていっそうの取組みが求められている。そのためには，技術の向上，社会システムの再構築など，多面的，かつ，総合的に知恵を出していくことが必要である。以下に，ごみゼロ社会に向けていっそうの改善が求められている点をまとめた。

（**1**）　**排出抑制を重視した環境教育の促進**　　環境教育については，学校教育だけでなく，自治体や商店街などの地域活動の中でも行われるようになってきた。また，2014 年には，「持続可能な教育（ESD：education for sustainable development）のためのユネスコ会議」が岡山市と名古屋市で開催されるなど，環境教育は国際的にも大きな課題になっている。ごみゼロ社会の実現という観点でいえば，排出抑制（ごみを出さない，作らない）ということが第 1 に重要である。また，CSR（corporate social responsibility：企業の社会的責任）の考え方が普及してきたが，企業内においてもごみゼロにむけた教育の機会を増やしていく必要がある。

（**2**）　**サーキュラーエコノミー（循環経済）の実現**　　ごみを減らし，また，いったんごみとして排出された場合に資源として効率的に使うためには，商品を設計するときから廃棄後の対策を考えることが有効である。こうした考え方を環境配慮設計（DFE：design for environment）と呼び，1990 年代から家電製品などで導入されてきた。

この考え方を発展させ、2010 年、英国のエレン・マッカーサー財団が、サーキュラーエコノミー（循環経済）という考え方を提唱した。すなわち、製品が廃棄された場合、廃棄されたごみを原料として元の製品を製造し続けるという考え方である。この考え方ですべての製品が作られれば、余剰のごみはなくなり、廃棄物問題はなくなると考えることができる。この考え方で実際にどこまで製品の製造ができるのか、見守っていく必要がある。

（**3**）　**低炭素社会，自然共生社会の実現に向けた取組みとの統合**　　2015 年に開催された COP21 でパリ協定が締結された。地球温暖化対策は，人類全体の大きな課題となっている。ごみの排出量の削減は，焼却等のごみ処理の削減に繋がり，CO_2 排出量の削減にもなるという意味でも促進していく必要がある。また，いったん廃棄された廃棄物は，再生利用できないものについては，熱回収，廃棄物発電，廃棄物燃料の製造など，エネルギーとして活用していくことも CO_2 削減の観点からも重要である。

また，2010 年には，生物多様性の保全に関する名古屋議定書が締結された。農山漁村のバイオマスの利用については生物多様性保全の観点からも重要性を増している。低炭素社会と自然共生社会の実現と統合しながら廃棄物の削減と資源循環を進めていく必要がある。

（**4**）　**企業間連携の促進と企業のモチベーションを向上させる施策の実施**　　一般廃棄物の排出量は削減がみられるが，産業廃棄物の排出量は横ばい状態が続いている。産業廃棄物の削減については，第 1 には業界内で協力しながら促進していく必要がある。また，リサイクルの手法や用途開発など，異業種やリサイクル事業者との連携も必要である。

一方，廃棄物の排出抑制，減量化，再生利用について優れた成果を上げた企業に対しては評価していく仕組みを広げていくとともに，省エネ商品において最も省エネ性

能の優れた商品（トップランナー）に他社の商品も 5 年後には同じ性能にしなければ
ならないといった制度（トップランナー方式）を廃棄物の分野にも構築していく必要
がある。

（5）　**個人，企業，自治体の連携**　　ごみ問題の発生は，人々のニーズが多様化，
高度化する中で，商品やサービスも多様化，高度化してきたことが大きな要因として
考えることができる。したがって，ごみ問題を解決するためには，現代のライフスタ
イルを見直していくとともに，行政，企業，市民がそれぞれ協力しながら役割を果た
していくことが重要である。また，そのためには，それを保障し，促進していくため
の施策も必要である。最近では，行政が環境NPO の活動に補助金を与えるとか，企業
の環境マネジメントを市民に評価させるといったことも行われるようになってきた。
今後もこうした試みはますます必要になると考えられる。

（6）　**地域，広域連携の促進**　　わが国においては，基本的には，一般廃棄物の回
収と処理については市町村が，産業廃棄物の回収と処理については都道府県が監督
し，運営している。廃棄物の効率的な処理と再資源化の拡大にあたっては，こうした
枠組みを超えた取組みが必要である。また，近年，東日本大震災や熊本地震，大規模
水害などによる災害廃棄物が大きな問題となり，処理に当たっては広域的な連携が行
われている。今後もこうした取り組みを続けていく必要がある。

（7）　**海外との連携**　　世界的に見ると，中国，インドをはじめ各国の経済成長と
人口増加によって，ごみの排出量は増加傾向を示している。2011 年に発刊された「世
界の廃棄物発生量の推計と将来予測 2011 改訂版」（廃棄物工学研究所）によると，2050
年には，世界のごみの排出量は，2010 年の 2 倍以上になると推定されている。わが国
においてこれまでに蓄積されてきた廃棄物処理とリサイクルに関する技術や社会シ
ステム構築に関するノウハウを世界のごみ問題の解決のために活かしていくことが
必要である。

┌─●━━**ティータイム**━●━━━━━━━━━━━━━━━━━━━━━┐

総合科学技術会議のごみゼロ技術研究

　　国の総合科学技術会議において取り上げられている四つの重点分野の一つで
ある環境分野において，ごみゼロ技術研究（ごみゼロ型・資源循環技術研究イ
ニシアティブ）が進められている。この中には四つのプログラムが設定されて
おり，中でも循環型社会創造支援システム開発プログラムやリサイクル技術・
システムプログラムの中でごみゼロ社会について議論されている[56]。

　　その中で，少ない資源・エネルギー消費とエミッションで稼働できる社会
（社会・生産システム，ライフスタイルなど）をわが国は他国に先駆けて構築
することが必要であると論じられている。また，そのためには

（1）　動脈産業と静脈産業のインタフェースがスムーズに接続されること
（2）　廃棄物が発生しない，発生しにくいような経済メカニズムが組み込まれること
（3）　経済主体の各層の間での情報共有・協調
（4）　静脈産業というマテリアルフローを下流側からとらえること
の大きく四つの課題が挙げられている。

企業による循環型社会イニシャチブ（ICFS）の取組み

　ごみゼロ社会を実現していくためには，関係者が協力しながら，より実効性の上がる資源循環の仕組みを構築していかなければならない。そのためには，企業が自ら主体的に循環型社会を促進する方法を研究し，提案していくとともに，同業他社や異業種企業を含めた企業間の交流や連携の促進，さらには，企業が，行政，学識者，市民団体などさまざまな関係者とパートナーシップを取っていくことが必要である。そのため，消費者調査や環境コンサルタント業務を実施しているインテージが事務局を務め，アサヒビール，エーザイ，NTT都市開発ビルサービス，サントリー，竹中工務店，TCO2，三菱マテリアル，山崎製パン等の企業が参加し，環境問題の解決に向けた研究と実践を目的とした研究会として「循環型社会イニシャチブ」（ICFS；Initiative for the Circular Flow Society）が 1993 年に開設され，2015 年まで 23 年間にわたって活動を行った（図 **7.2**）。ごみゼロ社会を実現していくためには今後もこうした活動を実施していく必要がある。

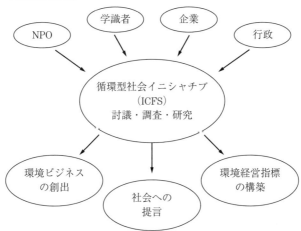

図 **7.2**　循環型社会の構築を推進する「循環型社会イニシャチブ」の活動

引用・参考文献

1） 新村　出編：広辞苑，第 5 版，岩波書店（1998）
2） 環境省大臣官房廃棄物・リサイクル対策部：「廃棄物の処理及び清掃に関する法律等の一部改正について」環境省報道発表資料（1991 〜 2005）
3） 株式会社ジェネス：図解産業廃棄物処理がわかる本，日本実業出版社（2006）
4） 環境省大臣官房廃棄物・リサイクル対策部：一般廃棄物処理事業実態調査（令和 4 年度）（2022）
5） 株式会社グリーンマーケティング研究所：循環型経済のしくみがよくわかる，中経出版（2000）
6） 環境省大臣官房廃棄物・リサイクル対策部：産業廃棄物処理事業実態調査（令和 4 年度）（2022）
7） 環境省大臣官房廃棄物・リサイクル対策部：産業廃棄物の不法投棄の状況（令和 4 年度）（2022）
8） 海上保安庁：海洋汚染令和 3 年調査報告（2021）
9） 西　哲生：循環型社会構築に向けた製造業のあり方，農工情報 387 号，財団法人農村地域工業導入促進センター（2000）
10） 西　哲生：環境対応型企業への転換，素形材経営 2 号，財団法人素形材センター（2001）
11） 石川禎昭：循環型社会づくりの関係法令早わかり，オーム社（2002）
12） 週刊循環経済新聞編集部：容器包装リサイクル最前線，日報出版（2001）
13） 経済産業省産業技術環境局：容器包装リサイクル法─活かそう「資源」に─（2003）
14） 公益財団法人日本容器包装リサイクル協会：令和 3 年度容器包装リサイクル制度参考資料（2021）
15） 西　哲生：家電リサイクル大阪方式の意義と課題，平成 15 年度廃棄物学会廃棄物計画部会研究活動報告書（2004）
16） 一般財団法人家電製品協会：家電リサイクル年次報告書（令和 3 年度版）（2022）
17） 建設副産物リサイクル広報推進会議：建設リサイクルハンドブック，大成出版社（2001）

18）国土交通省総合政策局建設業課：建設リサイクル推進計画 2020（2020）

19）農林水産省食料産業局：令和 2 年度食品リサイクル法に基づく定期報告（令和 2 年度）（2020）

20）食品循環資源利用研究会：食品リサイクル成功の秘訣，日報出版（2002）

21）産業構造審議会環境部会廃棄物・リサイクル小委員会自動車リサイクル WG，中央環境審議会廃棄物・リサイクル部会自動車リサイクル専門委員会合同会議：資料（2012）

22）財団法人自動車リサイクル促進センター：自動車リサイクルデータ Book（2021）

23）環境省：特定プラスチック使用製品の使用の合理化 — プラスチックに係る資源循環の促進等に関する法律（プラ新法）の普及啓発ページ
https://plastic-circulation.env.go.jp/about/pro/gorika

24）経済産業省産業技術環境局環境政策課：エコタウン事業の承認地域マップ（2006）

25）経済産業省産業技術環境局環境政策課：平成 17 年度「環境コミュニティ・ビジネスモデル事業の公募結果」（2005）

26）経済産業省環境政策課環境調和産業推進室：循環ビジネス戦略，ケイブン出版（2004）

27）環境省総合環境政策局環境計画課：平成 16 年 6 月 15 日環境省報道発表資料—平成 16 年度「環境と経済の好循環のまちモデル事業」の対象地域決定について—（2004）

28）国土交通省港湾局環境整備計画室：総合静脈物流拠点港（リサイクルポート）の新規指定について（平成 23 年 1 月 20 日発表）

29）農林水産省：バイオマス活用推進基本計画（第 3 次）参考資料（2022）

30）廃棄物学会編：市民がつくるごみ読本第 8 号，廃棄物学会（2004）

31）早稲田いのちのまちづくり実行委員会編著：ゼロエミッションからのまちづくり，日報出版（1999）

32）藤井絢子，菜の花プロジェクトネットワーク編著：菜の花エコ革命，創森社（2004）

33）学振 148 委員会：ゼロエミッション型産業を目指して，シーエムシー出版（2001）

34）2005 年度 JFE 環境報告書（2005）

35）日本廃棄物学会：廃棄物ハンドブック（2000）

36）日本容器包装リサイクル協会：再商品化ニュース（2006）

37）財団法人家電製品協会：家電リサイクル調査資料（1997）

38）社団法人プラスチック処理促進協会：プラスチックリサイクルの基礎知識

（2002）

39） 富山市エコタウン事業パンフレット（2005）

40） 藤田賢二：コンポスト化技術，技報堂，pp. 33 ～ 34（1993）

41） 藤田正憲，立田真文：有機性廃棄物のコンポスト化，ケミカル・エンジニアリング，pp. 26 ～ 32（1999）

42） 矢田美恵子，川口博子，佐々木　健：廃棄物のバイオコンバージョン，p. 70，地人書館（1996）

43） 酒井伸一：ダイオキシン類のはなし，p. 24，日刊工業新聞社（1998）

44） タクマ環境技術研究会：ごみ焼却技術絵とき基本用語，オーム社（1998）

45） 財団法人クリーンジャパンセンター：最新リサイクルキーワード（1997）

46） 石川禎昭：PLASPIA，No.102（1998）

47） 石川禎昭：熱分解ガス化灰溶融技術，日本廃棄物処理施設技術管理協議会（1999）

48） 行本正雄：月刊技術士 5 月号，p. 1（2001）

49） 吉田鉄男，行本正雄：日本エネルギー学会誌，**78**，9，p. 721（1999）

50） 大野陽太郎：アロマティックス，**53**，5，p. 15（2001）

51） 行本正雄：岡山セラミックス，**13**，1，p. 15（2005）

52） 有限責任中間法人 DME 普及促進センター：中国における DME 利用調査報告書（2005）

53） 北海道市長会：第 27 回海外都市行政視察報告書（2003）

54） 行本正雄：月刊廃棄物，**27**，320，p. 64（2001）

55） 経済産業省環境政策課環境調和産業推進室：循環ビジネス戦略，ケイブン出版（2004）

56） 日経 BP 社編：ゴミゼロ社会への挑戦（2004）

―― 著 者 略 歴 ――

行本　正雄（ゆくもと　まさお）

1976 年　大阪大学工学部精密工学科卒業
1978 年　大阪大学大学院修士課程修了（精密工学専攻）
1978 年　川崎製鉄株式会社勤務
1997 年　博士（工学）（大阪大学）
2000 年　技術士（衛生工学）
2001 年　芝浦工業大学非常勤講師
2003 年　JFE ホールディングス株式会社（川崎製鉄・日本鋼管合併）勤務
2006 年　中部大学教授
　　　　　現在に至る

西　　哲生（にし　てつお）

1982 年　慶應義塾大学法学部政治学科卒業
1982 年　株式会社社会調査研究所（現在の株式会社インテージ）勤務
1994 年　株式会社社会調査研究所が日本リサイクル運動市民の会とともに
　　　　　設立した，株式会社グリーンマーケティング研究所に出向
1998 年　上智大学ゲスト講師（～ 2015 年）
2000 年　株式会社グリーンマーケティング研究所大阪事務所長
2001 年　神戸大学非常勤講師
2002 年　株式会社インテージグリーンマーケティング研究所主任研究員
2002 年　循環型社会イニシャチブ（ICFS）事務局長（～ 2015 年）
2004 年　武蔵野大学非常勤講師（～ 2009 年）
2015 年　ソーシャルデザイン総合研究所を創設，代表に就任
2016 年　東京工業大学大学院博士課程修了（社会理工学価値システム専攻）
2017 年　博士（学術）（東京工業大学）
2019 年　宮城県立宮城大学非常勤講師
2022 年　国立研究開発法人産業技術総合研究所招聘研究員
　　　　　現在に至る

立田　真文（たてだ　まさふみ）

1984 年　幸徳立田商店（産業廃棄物業）勤務
1988 年　大阪工業大学夜間部応用化学科卒業
1993 年　米国ドレクセル大学大学院修士課程修了（環境工学専攻）
1998 年　大阪大学大学院博士課程修了（環境工学専攻）
　　　　　博士（工学）
1999 年　大阪大学助手
2002 年　富山県立大学短期大学部助教授
2007 年　富山県立大学短期大学部准教授
2009 年　富山県立大学工学部准教授
　　　　　現在に至る

ごみゼロ社会は実現できるか（改訂版）

© 一般社団法人 日本エネルギー学会　2006, 2023

2006 年 10 月 20 日　初版第 1 刷発行
2023 年 4 月 25 日　初版第 4 刷発行（改訂版）

検印省略

編　　者　一般社団法人
　　　　　日 本 エ ネ ル ギ ー 学 会
　　　　　ホームページ https://www.jie.or.jp

著　　者　行　本　正　雄
　　　　　西　　　哲　生
　　　　　立　田　真　文

発 行 者　株式会社　コ ロ ナ 社
　　　　　代 表 者　牛　来　真　也

印 刷 所　萩 原 印 刷 株 式 会 社
製 本 所　有 限 会 社　愛 千 製 本 所

112-0011　東京都文京区千石 4-46-10
発行所　株式会社 コ ロ ナ 社
CORONA PUBLISHING CO., LTD.
Tokyo Japan

振替 00140-8-14844・電話 (03) 3941-3131 (代)
ホームページ https://www.coronasha.co.jp

ISBN 978-4-339-06837-5　C3340　Printed in Japan　　　　（柏原）

地球環境のための技術としくみシリーズ

（各巻A5判）

コロナ社創立75周年記念出版 〔創立1927年〕

■編集委員長　松井三郎
■編 集 委 員　小林正美・松岡　譲・盛岡　通・森澤眞輔

定価は本体価格+税です。
定価は変更されることがありますのでご了承下さい。

‖‖‖‖‖‖‖‖‖‖‖‖‖‖‖‖‖‖‖‖‖‖‖　図書目録進呈◆

エコトピア科学シリーズ

■名古屋大学未来材料・システム研究所 編（各巻A5判）

シリーズ　21世紀のエネルギー

■日本エネルギー学会編　　　　　　　　　　（各巻A5判）

定価は本体価格＋税です。
定価は変更されることがありますのでご了承下さい。

‖‖‖‖‖‖‖‖‖‖‖‖‖‖‖‖‖‖‖‖　図書目録進呈◆